Bernd Osterhammel

Pferdeflüstern für Manager

Bernd Osterhammel

Pferdeflüstern für Manager

Mitarbeiterführung tierisch einfach

WILEY-VCH Verlag GmbH & Co. KGaA

1. Auflage 2005

Bibliografische Information Der Deutschen Bibliothek
Die Deutsche Bibliothek verzeichnet diese Publikation in der Deutschen Nationalbibliografie; detaillierte bibliografische Daten sind im Internet über <http://dnb.ddb.de> abrufbar.

Umschlaggestaltung init GmbH, Bielefeld
Satz TypoDesign Hecker GmbH, Leimen
Druck und Bindung Ebner & Spiegel GmbH, Ulm
Karikaturen Wolfgang Dietzel

Printed in the Federal Republic of Germany

ISBN-13: 978-3-527-50195-3
ISBN-10: 3-527-50195-9

Inhalt

Einführung

»Er soll jetzt sterben«, hatte sein Besitzer, ein Pferdezüchter und Händler vom Niederrhein, entschieden. Jetzt ist Schluss, er koste nur noch Geld und sei zur Gefahr geworden.

Seit Wochen stand Chameur in der kleinsten und dunkelsten Box auf dem Hof. Auch den Enthusiasmus der Pferdemädchen hatte er lahm gelegt. Sie hatten noch lange zu ihm gehalten, noch mehrfach versucht, ihn zu reiten, aber es hatte keinen Zweck mehr. Satteln war unmöglich geworden, geschweige denn einen Fuß in den Steigbügel zu bekommen, um aufzusteigen.

Dabei hatte man ihn zu einem erfahrenen Pferdetrainer in der Nähe gebracht, zu jemandem, der eigentlich mit allen schnell fertig wird, der sie alle kleinkriegt. Immerhin war Chameur ein sehr schönes Pferd »mit einem guten Papier« – wie die Züchter sagen, mit erstklassiger Abstammung.

Aber es hatte nicht geklappt. Auch die nachfolgenden Ausbilder scheiterten. »Mistvieh, Verbrecher ... es hat keinen Zweck.«

Ich glaube nicht mehr, dass es Zufall war, dass Ludwig gerade in dem Augenblick auf den Hof kam, als es darum ging, das Pferd zu schlachten. Ludwig, der Versicherungsdetektiv, war selber nicht einmal Pferdemann. Er hatte mich vor Jahren auf einem Hof erlebt, wo ich aus Spaß an der Sache einen halben Tag mit Pferden gearbeitet hatte, die es angeblich »nicht mehr tun«. So sagt man im Pferdejargon. Er war Zuschauer mit wachem Interesse, und der Nachmittag war noch präsent in seinem Bewusstsein.

Jetzt steht er vor diesem jungen Pferd und hört sich sagen: »Er soll leben.« Mag sein, dass er der Gute in der Geschichte sein möchte, der Retter, der mit der letzten Hoffnung. Mag auch sein, dass er ein Geschäft wittert oder ein wenig Ruhm und Ehre.

Wie auch immer, Ludwig kauft das Pferd ein wenig über dem Schlachtpreis, nachdem er meine Telefonnummer ermittelt und mich überredet hat, ein paar Tage Zeit zu investieren.

Pferdeflüstern. Bernd Osterhammel

ISBN: 3-527-50195-9

Er trägt den Kaufpreis, die Transportkosten und die Versicherung. Ich trage das Risiko für Zeit, Futter und meine Knochen. Aber Risiko trage ich ja immer, denn ich bin ja seit zwei Jahrzehnten Unternehmer und Pferdemensch – so lange ich laufen kann.

Drei Wochen sind vergangen, und ich stehe vor dem »Verbrecher« vom Niederrhein. Gestern haben sie ein Video von ihm aufgenommen, wie er sich führen lässt, ohne Kandarre, ohne Trense, ohne Zügel. Er folgt mir, wohin ich auch gehe. Er lässt sich reiten, er geht mit mir über Plastikfolien und kleine Hindernisse. Er vertraut mir und respektiert mich – und ich vertraue ihm und respektiere ihn. Alles ist möglich geworden. Ich bin alleine mit ihm in der Halle, ab morgen wird ihn meine Tochter weitertrainieren. Ich vertraue ihm und meiner Tochter.

Aber heute stehe ich vor ihm, dankbar, andächtig und nachdenklich. Vor drei Wochen waren seine Augen wie gebrochen, seine Angst auf dem Höhepunkt. Er ist explodiert bei der kleinsten Kleinigkeit, hat geschrien und gebuckelt, als er das erste Mal mit dem Sattel alleine durch die Halle laufen sollte, als hätte er den Teufel persönlich auf dem Rücken.

Jetzt waren wir Freunde und Partner, nicht mehr getrennt, sondern eins.

Ich stehe vor ihm und denke nach. Was in den vergangenen drei Wochen stattgefunden hat, ist das, was gute Pferdemenschen in allen Teilen der Welt praktizieren. Seit dem mittlerweile verfilmten Roman von Nicholas Evans heißen sie im Volksmund *Pferdeflüsterer:* Menschen, die ohne viele Worte, in der fast lautlosen Körpersprache der Pferde, Faszinierendes erreichen; Menschen, die sich in die Welt der Pferde begeben und sie respektieren, wie sie sind, volles Vertrauen in sie setzen und dies dann zurückbekommen; Menschen die Gefühl, Technik und Wissen erfolgreich miteinander verbinden; Menschen, bei denen es offensichtlich ganz leicht geht.

Unendliche Dankbarkeit durchströmt mich, dass ich von dem Wissen dieser Menschen profitieren darf – dass es bei mir angekommen ist.

Aber mehr noch ist in diesem Augenblick: Es ist wie ein Dialog mit dem Pferd, wie überlagertes Bewusstsein. Chameur fragt mich geradezu, ob mir bewusst ist, dass wir Menschen immer Ursache für eine Wirkung sind, dass wir Bewegungen erzeugen wollen, überall, und es auch tun – in unserem Leben, in unseren Beziehungen, in unseren Firmen, auf unseren Konten.

Er fragt mich, ob mir bewusst ist, dass ich mit einem Bruchteil an Energie mit Pferden das erreiche, wofür ich früher einen hohen Aufwand brauchte, weil ich mehr denn je darüber weiß, was sie bewegt. Und genau in diesem Augenblick des Nachsinnens beginnt die Übertragung des Pferdeflüsterns in mein Leben, meine Firma, mein Dasein.

Was bewegt eigentlich Mitarbeiter, was eigentlich Kunden? Das sind Fragen, die ich als Unternehmer beantworten sollte, wenn ich mich mit Mitarbeitern und Kunden so leicht bewegen will wie mit Pferden.

In diesem Augenblick wird *Pferdeflüstern für Manager* in mir geboren. In diesem wundervollen Augenblick scheint alles möglich zu sein.

Sind wir nicht dabei, das Todesurteil für Tausende deutscher Firmen, den Wirtschaftsstandort Deutschland und weitere Hunderttausende Arbeitsplätze zu sprechen? Gibt es keine anderen Möglichkeiten?

Alles ist möglich, denke ich. Am nächsten Morgen bin ich aufgewacht und habe mich gefragt: Wie sollte eigentlich idealerweise meine Firma aussehen? Wie sähe mein Unternehmen aus, wenn es wirklich eine »Traumfirma«, ein optimales Unternehmen – kein lebloser Gaul mit Todesurteil – wäre? Es war mein erster, zaghafter Versuch, grenzenlos zu denken – anfangs noch mit geringem Glauben, dass meine Idee Wirklichkeit werden könnte, aber doch aus einer stillen Ahnung heraus, dass es möglich sein müsste. Und das kam dabei heraus:

Die Traumfirma

- Eine Firma (meine Firma) soll einzigartig sein.
- Eine Firma soll Freude machen, und zwar allen: den Kunden, den Mitarbeitern, dem Chef und den Geschäftspartnern.
- In der Firma soll jeder jeden unterstützen, zum Wohle aller.
- Wenn die Mitarbeiter morgens kommen, dann sollen sie sich wie Kinder fühlen, die auf ihrem Abenteuerspielplatz etwas Neues entdecken dürfen.
- Lachen, Singen, Pfeifen, Feiern sollen den Arbeitstag begleiten.

- Jeder bringt seine besten Talente in die Firma mit und setzt sie dort ein.
- Sowohl die Mitarbeiter als auch der Chef finden ihre wichtigsten Werte in der Firma wieder.
- Mitarbeiter treffen sich und sind eins, ohne Trennung und Machtspielchen.
- Die Firma ist ein Magnet für gute Kunden und Aufträge.
- Alle haben die Chance, im Unternehmen zu wachsen, wenn sie das möchten.
- Keiner muss mehr schultern oder verantworten, als er kann.
- Keiner hat das Bestreben, die Firma von sich abhängig zu machen.
- Es gibt kein Konkurrenzdenken untereinander.
- Leichtigkeit begleitet jeden Tag.

Bis Ende 2004 habe ich in dieser Firma gearbeitet und bin stolz darauf. Mein Ziel, ein Unternehmen zu haben, das ohne mich läuft, hatte ich bis dahin erreicht und es anschließend verkauft. Wenn Kunden oder Geschäftspartner heute diese Firma betreten, dann sagen sie sofort: »Man spürt, dass hier etwas anders ist als bei anderen.« Ab jetzt gebe ich in Seminaren und Publikationen weiter, wie Traumfirmen entstehen.

Das war nicht immer so. Denn als ich meine Traumfirma ersann, sah es bei uns noch ganz anders aus: Als Chef habe ich vielen Mitarbeitern innerlich gekündigt, wenn sie nicht so funktionierten, wie ich es gerne gehabt hätte. Wir hatten eine hohe Personalfluktuation, denn immer wenn ich mit jemandem innerlich nicht zufrieden war, verließ dieser aus eigenem Antrieb nach einiger Zeit das Unternehmen. Es ist mir sogar gelungen, fast sämtliche weibliche Mitarbeiter zu vergraulen.

Den Mitarbeitern innerlich kündigen

Gleichzeitig »rödelte« ich von morgens bis abends wie ein Hamster im Rad bei einer 60- bis 80-Stunden-Woche. Wenn die Mitarbeiter nicht so funktionierten, wie ich es wollte, und die Arbeitsaufgaben nicht zu meiner Zufriedenheit ausgeführt wurden, war ich damit beschäftigt, den oder die Schuldigen zu suchen. Außerdem musste ich ständig in alle Abläufe und Details involviert

Kampf um Aufträge und Mitarbeiter

sein und bleiben, musste alles kontrollieren und überwachen, musste dauernd an allen möglichen »Stellschrauben« drehen, bis es »richtig« lief.

Um Aufträge mussten wir uns sehr viel mehr bemühen als heute. Denn das nicht allzu positive Arbeitsklima bemerkten natürlich auch die Kunden, zumindest unterschwellig, und gingen dann oft lieber zur Konkurrenz, wo sie sich wohler fühlten. Mitarbeiter, die gekündigt hatten, zogen außerdem Kunden ab. Ich musste immer wieder neue Mitarbeiter suchen und einarbeiten. Der Arbeitstag nahm kein Ende.

Rückblickend muss ich heute sagen: Meine Mitarbeiter hatten keine wirkliche Führung. Meine Mitarbeiter hatten keine Führung, die es ihnen erlaubt hätte, Wertschätzung zu erfahren und ihre Talente auszuleben.

Wer aus seiner Firma eine »Traumfirma« machen möchte, der schafft dies nur, wenn er seine Mitarbeiter richtig führt – das heißt, wenn er ihnen die Gelegenheit gibt, ihre Talente einzubringen und zu entfalten, zu wachsen und Freude an der Arbeit zu erfahren.

Wie Sie wissen, sind heute viele Unternehmen sehr weit von der »Traumfirma« entfernt. Hinzu kommt die kriselnde Wirtschaftslage insgesamt, die ganz besonders meine Branche, die Baubranche, nicht verschont hat. Vielen Bauunternehmen geht es schlecht: Pleiten, hohe Zahlungsausfälle, maue Auftragslage und Preisdumping unterhalb den gesetzlich in der HOAI verankerten Honoraren sind schon seit fast zehn Jahren an der Tagesordnung. Viele kleine Ingenieurbüros und andere Auftragnehmer im Baubereich kämpfen ums Überleben, und noch mehr haben diesen Kampf schon längst aufgegeben.

Wirtschaftskrise

Nicht so wir: Das Ingenieurbüro, das ich zusammen mit meinem Partner geleitet habe, gehört trotz der Branchenkrise zu den Marktführern in der oberbergischen Region und konnte in dem gleichen Zeitraum, in dem die Baubranche ihren Niedergang erlebte (seit 1994), seinen Umsatz verdreifachen. Wir haben – ungewöhnlich für Ingenieurbüros im Tiefbau und im ländlichen Bereich, die meist nur über ganz wenige Mitarbeiter verfügen – mittlerweile dreißig fest angestellte Mitarbeiter, und alle haben gut zu tun.

Marktführer

Ich schreibe das nicht aus Arroganz oder weil ich demonstrieren will, dass wir »besser« sind als die anderen. Ich schreibe das darum, weil ich Ihnen zeigen möchte, was genau wir in unserem Unternehmen anders machen. Dabei geht es nicht speziell um die Baubranche, denn die meisten anderen Branchen haben zurzeit dieselben Probleme, nur in anderer Verkleidung: Konsumzurückhaltung und Schnäppchenmentalität der Verbraucher, Absatzflaute, Preiskämpfe, Insolvenzen und Konkurse sind überall zu finden; auch Entlassungen und die Arbeit mit weniger – und häufig auch wenig(er) motivierten – Mitarbeitern sind alltäglich.

Eine Branchen- oder Wirtschaftskrise ist keine Entschuldigung oder Rechtfertigung dafür, warum es im eigenen Unternehmen nicht so läuft wie gewünscht. Trotz Krise ist es möglich, eine »Traumfirma« zu haben und zu führen.

Für mich hat die »Traumfirma« zwei wesentliche Aspekte:

Leichtigkeit und Harmonie

- Der erste ist die Leichtigkeit. Diese mag sich für jeden anders anfühlen, aber wir sind uns sicher darin einig, dass eine 60- bis 80-Stunden-Woche nur Workaholics als »leicht« empfinden mögen. Leichtigkeit bedeutet Erfolg ohne Mühe, Auftrags- und Kundengewinnung ohne Anstrengung und Kampf, loslassen, delegieren und vor allem: Freude und Spaß an der Arbeit, im Umgang miteinander, mit den Kunden und Mitarbeitern. Auch Humor und Fröhlichkeit, gemeinsames Feiern und Lachen gehören dazu. Träumen wir nicht alle von solch einer Firma?

- Der zweite wichtige Aspekt ist die Führung von Mitarbeitern. Es gibt sicherlich viele Arten, Mitarbeiter zu führen, und ich will nicht behaupten, dass meine Art, dies zu tun, die einzig richtige oder die beste ist. Ganz wesentlich jedoch ist es, den Mitarbeitern die Gelegenheit zu geben, sich zu entfalten und sich wirklich einzubringen. Das klingt so einfach und »leicht«, aber schaut man sich den Alltag in den meisten Unternehmen an, dann sieht es doch ganz anders aus. Aus Sicht der Führungskraft habe ich gelernt, dass es sehr viele Dinge gibt, die Mitarbeiter besser können oder lieber machen als ich selbst. Gebe ich die Verantwortung an sie ab und vertraue ich ihnen, so verschaffen sie mir Freiraum und erzielen für sich selbst Anerkennung. Die Kunst der Führung besteht auch darin loszulassen.

Angst vor Arbeitslosigkeit

Es lastet heute in vielen Firmen ein ungeheurer Druck auf den Mitarbeitern: Die Angst vor der Arbeitslosigkeit legt sich wie Mehltau über den Firmenalltag und lähmt die Leistungsbereitschaft und -fähigkeit der Menschen ebenso wie ihre Kreativität. Oft wird sie geschürt, um mehr Leistung zu bekommen. Die ständigen Diskussionen der Geschäftsleitung in vielen Betrieben um die wackelige Auftragslage und drohende Entlassungen führt zur Demotivation der Mitarbeiter, die den Eindruck haben, dass die »Einschüsse« immer näher kommen. Unwillkürlich fragen sich viele: »Wer muss als Nächstes gehen? Bin ich jetzt dran oder ist es vielleicht doch der Kollege?«

Wenn ich ein Pferd reite, das Angst im Kopf hat, ist fast gar nichts möglich außer Flucht und Panik. Was um Himmels willen lässt uns dann die Ängste in Mitarbeitern schüren, mit denen wir das Unmögliche möglich machen wollen?

Wer ständig Angst um seinen Arbeitsplatz haben muss, der bringt sich nicht mehr mit seinem vollen Leistungspotenzial ein, der arbeitet statt 100- vielleicht nur 75- oder 50-prozentig. Aus bangen Köpfen kommen keine guten Ideen und kommt auch kein hohes Leistungsvermögen. Und dieses Potenzial fehlt letztlich dem Unternehmen! Was wiederum dazu führt, dass die Stimmung schlecht ist, die Kunden lieber zur Konkurrenz abwandern, weitere Entlassungen notwendig werden usw. – ein Teufelskreis, eine Negativspirale.

Nun werden Sie als Leser vielleicht denken: »Der Osterhammel hat gut schreiben – in seiner Firma braucht ja auch niemand Angst vor dem Verlust seines Arbeitsplatzes zu haben!« Das stimmt zwar, aber der springende Punkt bei der Mitarbeitermotivation ist nicht die generelle Auftragslage, die von der wirtschaftlichen Situation abhängt. Der springende Punkt ist vielmehr der, im Unternehmen eine Positivspirale in Gang zu setzen. Ich behaupte sogar: Wenn die Mitarbeiter richtig geführt werden, wenn sie motiviert sind und Freude an der Arbeit haben, ist es sehr viel leichter, Aufträge und Kunden zu gewinnen. Damit werden dann automatisch auch die Arbeitsplätze sicherer.

Wie kann man nun lernen, Mitarbeiter richtig zu führen? Es gibt sicherlich viele Methoden, und in diesem Buch möchte ich Ihnen meinen ganz speziellen und etwas ungewöhnlichen Weg vorstellen: Ich habe viel über die Führung von Mitarbeitern anhand der Führung von Pferden gelernt.

Pferde sind auch nur Menschen – das wussten wir ja schon immer. Woher kommt dieser witzige Ausspruch? Vielleicht daher, dass es so viele Parallelen zwischen dem Verhalten von Pferden und dem von Menschen gibt. Ich bin mit Pferden aufgewachsen und seit mehr als zwanzig Jahren Horseman; auf unserem Grundstück befinden sich ein Stall und eine Pferdekoppel. Zwischen acht und zwölf Tieren sind praktisch ständig in unserer Obhut.

Ich reite die Pferde nicht nur, sondern ich reite sie auch zu. »Schwierige« Tiere, die als nicht zugänglich gelten – weil sie entweder von Menschen misshandelt wurden oder weil sie noch zu »wild« sind, um sich führen oder reiten zu lassen –, werden mir häufig von ihren Besitzern zum Training anvertraut. Oft haben sie sich nach wenigen Wochen oder Monaten auf unserer Koppel und durch unseren Umgang so gut erholt und eingelebt, dass sie ihren Besitzern anschließend viele Jahre Freude bereiten.

Erholung bei den Pferden

Wenn ich früher frustriert und verärgert aus meinem Ingenieurbüro nach Hause kam – weil mal wieder nichts so gelaufen war, wie ich es wollte, und ich mich bei einer 60-Stunden-Woche in meiner Firma völlig verausgabt hatte –, dann bin ich zuerst zu meinen Pferden gelaufen. Während der Beschäftigung mit den Tieren und auf einem ausgedehnten Ritt konnte ich mich dann erholen und ausspannen. Die Pferde hatte ich zu diesem Zeitpunkt lieb, die Menschen noch nicht.

Doch glauben Sie jetzt nicht, die Führung der Pferde sei mir in die Wiege gelegt worden. Das ist ganz und gar nicht der Fall! Lange Jahre habe ich nämlich bei den Tieren unverdrossen dieselben Fehler gemacht wie bei den Menschen. Da standen Sam, Joker, Painty, Jessi, Pecky, Gipsy, Hamur und die anderen anschließend im Stall und wieherten vor Lachen über den blöden Osterhammel, weil der mal wieder nichts gecheckt hatte. Zum Beispiel, wenn ich versucht hatte, ein Pferd in etwas zu trainieren, wofür es überhaupt kein Talent besaß. Oder wenn ich es völlig falsch angefangen hatte, einem

Tier etwas beizubringen, das ihm unangenehm war, beispielsweise auf einen engen Pferdehänger zu gehen. Erst viel später habe ich gelernt, meine Erkenntnisse über Pferde auch auf Mitarbeiter zu übertragen.

Es hat einige Jahre gedauert, bis ich mit den Tieren wirklich gut umgehen konnte. Geholfen hat mir dabei der – beinahe – einzige Unterschied zwischen den Pferden und den Menschen: Pferde können im Gegensatz zu Menschen nicht lügen. Sie sind immer grundehrlich, das heißt, sie geben einem sofort Feedback auf jede Aktion; die Tiere hielten mir quasi einen Spiegel vor. An der Reaktion der Tiere konnte ich unmittelbar ablesen, ob ich einen Fehler gemacht hatte oder nicht. Menschen hingegen, besonders Mitarbeiter im Unternehmen, sind meist nicht so ehrlich; aus Angst vor Sanktionen sagen sie, wenn sie falsch behandelt werden, häufig gar nichts oder sie tun so, »als ob« sie mitzögen, bringen sich aber anschließend nur mit verminderter Energie in die Arbeit ein.

Pferde lügen nicht

Der zweite wichtige Unterschied ist der, dass die Tiere nicht nachtragend sind. Sie entscheiden in jedem Augenblick immer wieder neu, ob sie menschliche Führung akzeptieren oder nicht. Behandelt man sie falsch, so kann es sein, dass sie, typisch für Fluchttiere, zunächst einmal davonrennen. Doch schon nach 50 bis 200 Metern bleiben sie stehen und schauen sich vorsichtig um, um festzustellen, ob ihr Führer jetzt sein Verhalten zu ändern bereit ist und es sich für sie doch lohnen könnte, sich führen zu lassen. Mitarbeiter hingegen sind oft über Jahre »eingeschnappt«, wenn man sie nur ein einziges Mal falsch »angefasst« hat, und vermindern dann auf Dauer ihre Einsatzbereitschaft.

Pferde sind nicht nachtragend

Abgesehen von diesen beiden gravierenden Unterschieden sind die Gemeinsamkeiten zwischen Pferden und Menschen so groß, dass es sich lohnt, genauer hinzusehen:

Gemeinsamkeiten zwischen Pferden und Menschen

- Pferde haben ganz unterschiedliche Talente – Menschen auch. Es gibt zum Beispiel Reitpferde, Turnierpferde, Westernpferde, Arbeitspferde und viele andere Typen. Nicht immer sind die Talente an dem Stall ablesbar, aus dem ein Tier kommt. Auch bei Mitarbeitern sind die Talente nicht unbedingt an der beruflichen Ausbildung erkennbar, die sie absolviert haben. Wenn man versucht, ein Pferd in etwas zu trainieren, wofür es kein Talent hat, so funktioniert das genauso wenig, als wenn man einem Mitarbeiter etwas beibringen möchte, für das er sich nicht eignet. Mitarbeiter sind, wie sie sind, und nicht, wie man sie als Führungskraft gerne hätte. Dagegen anzuarbeiten ist Energieverschwendung.

- Pferde leben in Herden, und auch Menschen fühlen sich überwiegend in der Gemeinschaft mit anderen Menschen wohl.

- Innerhalb jeder Herde gibt es ein Leittier, dem die anderen Tiere folgen. Es muss nicht unbedingt das stärkste Tier sein, Hauptsache, es hat »das gewisse Etwas«. Häufig ist eine kleinere Stute das Leittier der Herde. Auch bei Menschen gibt es bekanntlich Führungskräfte oder Chefs, deren Führung die Mitarbeiter akzeptieren. Nicht immer sind das aber diejenigen, die sich selbst für die Chefs halten oder deren Gehaltsklasse der eines Chefs entspricht.

- Innerhalb der Herde gibt es bei Pferden häufig Rangordnungskämpfe. Es wird immer wieder neu ausgetestet, wer als Leittier die Herde führen darf. Auch bei Menschen gibt es solche Kämpfe und Führungswechsel, wenn auch meist nicht in der Häufigkeit und Intensität wie bei den Tieren.

- Es kann sein, dass die schwächeren Tiere in der Herde von den stärkeren beiseite gedrängt werden und am Futtertrog zu kurz kommen. Im übertragenen Sinne ist dies auch bei Menschen oft der Fall, wo diejenigen Mitarbeiter, die eine scheinbar weniger wertvolle Tätigkeit ausüben, sich von den renommierteren Kollegen oft nicht beachtet fühlen. Der menschliche Führer muss in solchen Fällen dafür sorgen, dass auch die Schwächeren mitkommen. Das kann zum Beispiel geschehen, indem er den schwächeren Tieren einen Platz am Futtertrog verschafft und die stärkeren ein wenig beiseite schiebt. Bei den Pferden führt dies – ebenso wie bei Menschen – oft dazu, dass die Stärkeren erstaunt reagieren und einen Schritt zurücktreten. Der Schwächere fühlt sich in einer solchen Situation dann stärker und wird von den anderen mehr beachtet und akzeptiert; er erhält die Anerkennung, die ihm vorher gefehlt hat.

- Pferde reagieren auf die Körpersprache des Menschen, und auch wir Menschen reagieren zu 80 Prozent auf der nonverbalen Ebene und nur zu 20 Prozent auf der verbalen Ebene. Es hat lange gedauert, bis ich verstanden hatte, dass die Tiere nicht meine Sprache sprechen, und ich ihre Sprache gelernt hatte. Genauso ist es mir bei den Mitarbeitern ergangen. Menschen haben eine unterschiedliche Wahrnehmung der Welt und sehen die Dinge aus ganz verschiedenen Perspektiven. Führungskräfte machen sich selbst das Leben schwer, wenn sie erwarten, dass ihre Mitarbeiter in denselben Situationen genauso reagieren wie sie selbst.

- Pferde brauchen einen Grund, um etwas freiwillig zu tun, genau wie Menschen. Versuche ich zum Beispiel, auf ein Pferd aufzusteigen, das dies noch nicht gewohnt ist, so kann es sein, dass es nicht stehen bleibt, sondern sich hin- und herbewegt und mir das Aufsitzen schwer macht. In diesem Fall zappele ich wenig, aber ausdauernd am Steigbügel und an der Trense herum, was dem Tier einen Hauch unangenehm ist, jedoch nicht weh tut. Das Pferd probiert nun aus, was geschieht, wenn es sich anders verhält, sich zum Beispiel noch mehr bewegt oder auch mal stehen bleibt. In dem Moment, wo das Tier stehen bleibt, höre ich *sofort* auf, mich zu bewegen, so dass es merkt: »Aha, wenn ich stehen bleibe und den Reiter aufsitzen lasse, anstatt mich zu bewegen, dann ist es auch für mich angenehmer.« Ein Pferd lernt so etwas in wenigen Minuten. Auch Menschen brauchen einen Grund, Dinge freiwillig zu tun. Einer der häufigsten Gründe ist der, dass sie für das, was sie tun, Anerkennung und Wertschätzung erfahren.

- Pferde mögen es angenehm: ein Päuschen hier, ein bisschen Kraulen dort, aber bitte keine Dauerhetze. Wer seine Pferde von Turnier zu Turnier hetzt und immer das Letzte aus ihnen herausholen will, ohne ihnen auch mal eine Ruhepause zu gönnen, der wird bald merken, dass die Leistungskurve immer weiter absinkt und ein Leistungshoch immer schwerer zu erreichen ist. Ich habe Pferde erlebt, die beim Turnier vor Erschöpfung dem Zusammenbrechen nahe waren. Ich habe auch Tiere gesehen, die mit stumpfen Augen mehr oder weniger apathisch ihre antrainierten »Kunststückchen« fürs Publikum herunterleierten; es waren gebrochene Tiere, die keine Lebensfreude und Dynamik mehr ausstrahlten. Auch hier ist die Parallele zu Mitarbeitern in Unternehmen offensichtlich: Aus vielen Mitarbeitern wird heute in den Firmen das Letzte herausgeholt: Nachdem etliche entlassen worden sind, sollen die verbleibenden Mitarbeiter für zwei oder drei Kollegen mitarbeiten, am besten gleich bei einer 45-Stunden-Woche, mit weniger Urlaub und für weniger Gehalt als vorher. Zum Ausgleich gibt es gar nichts, bestenfalls Durchhalteparolen. Keine Anerkennung, keine Pausen und schon gar keine gemeinsame Freude oder gemeinsames Lachen oder Spielen. Es fehlt an Tankstellen, an denen die Mitarbeiter ihre Batterien wieder aufladen könnten, und viele leiden am Burnout-Syndrom oder an anderen Krankheiten. Kein Wunder, dass es mit solchen Firmen immer weiter bergab geht und dass die Arbeit und die Akquisition von Aufträgen wie Kunden immer schwerer fällt, anstatt leichter zu werden! Kein Kutscher käme auf die Idee, dass seine Kutsche schneller fährt, wenn er zwei von sechs Pferden ausspannen und auf die verbliebenen vier stärker einprügeln würde.

- Pferde haben die Menschen auf ihrem Weg rund 6 000 Jahre lang begleitet; erst vor rund einem Jahrhundert wurden sie vom Auto verdrängt. Die lange gemeinsame Geschichte von Pferd und Mensch war nicht immer von Liebe geprägt – im Gegenteil. Es war jahrhundertelang praktizierte und anerkannte Praxis, Pferde mit Gewalt dazu zu bringen, das zu tun, was die Menschen von ihnen wollten. Das Traktieren mit der Peitsche und mit Sporen oder mit hauchdünnen Trensen im Maul, die den Tieren schon bei kleinsten Bewegungen außer der Reihe die Zunge durchgeschnitten hätten, waren an der Tagesordnung. Die Tiere wurden gebrochen, bevor sie voll einsatzfähig waren. Erst langsam setzt sich die Erkenntnis durch, dass es auch eine ganz andere Art der Pferdeführung gibt, die völlig ohne Gewalt auskommt und auf die Freiwilligkeit der Tiere setzt. In dieser Hinsicht gibt es ebenfalls

Parallelen zur Mitarbeiterführung. Es war früher – und ist auch heute noch – in vielen Firmen üblich, Menschen autoritär zu führen. Der Chef sagt, wo es lang geht, und die Mitarbeiter haben zu folgen, gleich was sie von den Anordnungen halten oder denken; niemand hat etwas in Frage zu stellen oder alternative Verfahrensweisen einzubringen. Der Taylorismus war und ist eine der prägendsten Strömungen der Arbeitswelt; er geht mehr oder weniger davon aus, dass die meisten Menschen nichts weiter als dumme Arbeitssklaven sind, die möglichst wenig wissen und durchschauen sollen. Den Ruhm für errungene Erfolge ernten dann nur die Chefs – in Form von Anerkennung, Aufmerksamkeit in den Medien und Gehaltszulagen. Doch die Mitarbeiter lassen sich heute immer weniger auf diese Weise führen; auch wenn sie keine Kritik üben und anscheinend gute Miene zum bösen Spiel machen, so zeigen sie ihre Missbilligung indirekt dadurch, dass sie sich nicht voll einbringen und ihr Leistungspotenzial zurückhalten, was sich wiederum auf den Firmenkonten niederschlägt.

Mitarbeiter wollen mit einbezogen werden, denn Führung betrifft sowohl die Führungskraft als auch die Geführten. Es ist heute nicht mehr möglich, Dinge über die Köpfe der Mitarbeiter hinweg zu entscheiden und anschließend zu erwarten, dass alle wie selbstverständlich mitziehen. Keine zehn Pferde bringen einen Mitarbeiter dazu, etwas zu tun, dem er im Innersten nicht zustimmt.

Im Laufe der Jahre habe ich gelernt, die Sprache der Pferde – und die meiner Mitarbeiter – immer besser zu verstehen und zu sprechen. Im gleichen Maße fiel es mir leichter zu führen, und zwar so, dass sich meine Leute wie auch meine Pferde freiwillig mit ihrem vollen Leistungspotenzial einbringen. Das Resultat ist Harmonie untereinander und spielerische Leichtigkeit.

Pferdeflüstern

Hat man das Prinzip der Führung erst einmal verstanden, so kann man mit sehr viel weniger Energieaufwand sehr viel mehr erreichen. Dies ist es, was ich im Buch »Pferdeflüstern« nenne: Man braucht die Mitarbeiter (und die Pferde) nicht mehr anzuschreien oder herumzutoben, man braucht auch nicht die so genannte »Autorität« heraushängen zu lassen, und man braucht keinen Druck auf sie auszuüben oder Ängste, zum Beispiel vor Arbeitslosigkeit, zu schüren, um durchzusetzen, was man möchte. Stattdessen genügt ein leises Flüstern, genügen ein paar kleine Gesten oder Hinweise, wenige Worte, um die Menschen zu führen. Alles geht mit geringstem Energieeinsatz.

Ich lade Sie mit diesem Buch ein, Ihre Firma ebenfalls in eine »Traumfirma« und in einen Abenteuerspielplatz zu verwandeln, an dem Leichtigkeit, Freude und voll engagierte Mitarbeiter zur Tagesordnung gehören. Und ich lade Sie ein zu einer Reise zu »meinen« Pferden und dem, was ich mit ihnen erlebt habe. Auch wenn Sie kein Horseman (oder keine Horsewoman) sind, können Sie dieser Reise leicht folgen, denn sie setzt kein Fachwissen über Pferde oder Reiten voraus.

Lernen Sie, in Ihrem Unternehmen als Führungskraft aufs richtige Pferd zu setzen, anstatt wie Don Quijote vergeblich gegen Windmühlenflügel anzureiten und gegen falsche Feinde anzukämpfen. Ihre Mitarbeiter brauchen eine Führungskraft, mit der sie Pferde stehlen können, und als Führungskraft brauchen Sie ebenso Mitarbeiter, mit denen Sie Pferde stehlen können.

Das Buch ist folgendermaßen aufgebaut:

- In Kapitel 1 sehen wir uns um, wie es im Augenblick in der deutschen Wirtschaft aussieht. Wir identifizieren die »toten Pferde«, um uns anschließend endgültig von ihnen zu verabschieden und eine neue Perspektive gewinnen zu können.

- In Kapitel 2 wird ein neues Verständnis von Führung und von Folgen entwickelt. Führen wird vom Managen unterschieden, und es werden einige Merkmale guter Führung herausgearbeitet.

- Kapitel 3 befasst sich mit der Kraft der Gedanken und den Energien, die sie entweder frei setzen oder blockieren, je nachdem, ob man sie in die richtige oder die falsche Richtung lenkt.

- Thema von Kapitel 4 sind die wahren »Goldgräber« im Unternehmen: die Mitarbeiter. Wir stellen fest, wo die wahre Schraube für Veränderungen im Unternehmen sitzt und was Mitarbeiter ihre Firma als »Traumfirma« wahrnehmen lässt.

- Anerkennung und Wertschätzung von Mitarbeitern und auf der anderen Seite der rechte Ausdruck von Kritik stehen im Mittelpunkt von Kapitel 5.

Übersicht über den Buchinhalt

- Die schwächsten Bindungen sind die stärksten. Das gilt vor allem für Vertrauen, das in Kapitel 6 behandelt wird.

- Wer Mitarbeiter motivieren möchte, muss wissen, was sie bewegt. Das sind ihre Talente und Werte, die es im Unternehmen zu entfalten gilt. Dies ist Thema von Kapitel 7.

- Eigentlich sollte alles im Unternehmen mühelos und mit spielerischer Leichtigkeit, anstatt angestrengt, ernst und mit großem Kraftaufwand geschehen. Einige Ideen dazu bringt Kapitel 8.

- Im Nachwort schließlich finden Sie eine Zusammenfassung der wichtigsten Erkenntnisse aus diesem Buch.

Was ich erlebt, erkannt und umgesetzt habe, stelle ich dem aufmerksamen Leser zur Verfügung als Beispiel, als Idee oder Möglichkeit. Im Hinblick auf meinen eigenen Führungsstil – bezogen auf mein Leben, meine Mitarbeiter und unsere Firma – hat das Wissen zu Leichtigkeit, Erfolg, innerem Frieden und ständig neuen Möglichkeiten geführt. Ich lade Sie ein, mit den Dingen, die ich in diesem Buch beschrieben habe, zu spielen und zu experimentieren.

Die Kräfte die am Werk sind, stehen jedem Menschen zur Verfügung. Ob etwas wirkt im Leben von uns Menschen, hat oft mehr mit uns, unserem Denken und Glauben zu tun, als den meisten bewusst ist. Alles ist möglich.

Der Pferdeflüsterer

1. Tote Pferde in den Unternehmen

Bevor wir darangehen, unsere – Ihre! – Traumfirma oder Traumabteilung zu erschaffen, wollen wir uns einmal ansehen, wie es heute zugeht in den Unternehmen. Wir wollen uns bewusst machen, wie dort gedacht und gehandelt, wie mit Mitarbeitern umgegangen wird und auch woran es fehlt. Denn nur wenn wir den Ist-Zustand klar vor Augen haben, können wir den Soll-Zustand – eben die Traumfirma – definieren und die Schritte auf dem vor uns liegenden Weg dorthin klar erkennen.

Schauen wir uns in der deutschen Wirtschaft um, verfolgen wir die Wirtschaftspresse und unser Umfeld in der Region, so steht es wirklich nicht zum Besten in den Unternehmen. Es gibt ganz offensichtlich eine Menge »toter Pferde«, die überall herumliegen oder -stehen und die bisher noch niemand weggeräumt hat. Ganz im Gegenteil: Die toten Pferde scheinen höchst »lebendig« zu sein – sie sind sozusagen »Untote« –, die an vielen Orten gleichzeitig wie Gespenster ihr Unwesen treiben. Zudem produzieren sie so etwas wie einen Nachahmereffekt, entwickeln gewissermaßen einen Vorbildcharakter mit negativem Vorzeichen: Taucht in einer Firma ein totes Pferd auf, bemühen sich andere Firmen, ihre Pferde auch ganz schnell sterben zu lassen, nach dem Motto: Keiner weiß, was es soll, aber alle machen mit – oder: Was Meyer und Müller machen, kann für Schulze in derselben Branche nicht verkehrt sein.

Untote Pferde

Mit den toten Pferden meine ich jetzt nicht die rückläufige Wirtschaftskonjunktur, die Absatzflauten und die Firmenschließungen, von denen sowieso überall die Rede ist. Ich meine hier zuerst einmal den Umgang mit Mitarbeitern. Ganz bewusst möchte ich nicht beides in einen Topf werfen, denn allzu häufig wird der Umgang mit den Menschen im Unternehmen mit der schlechten Wirtschafts- oder Unternehmenslage gerechtfertigt. Ob die Wirtschaftssituation nun aber angespannt ist oder nicht, sollte doch zunächst

Pferdeflüstern. Bernd Osterhammel

ISBN: 3-527-50195-9

einmal keinen Einfluss darauf haben, wie man mit Menschen verfährt.

Verfolgt man die Presse, so kann man feststellen: Wir drehen die Kostenschraube bis zum Anschlag, wir schüren das Misstrauen bis zum Kontrollwahn, und wir treiben die Ängste bis zur Panik. Es fragt sich, wie die Ernte aus solcher Saat aussehen soll.

Glauben wir tatsächlich, mit einem Pferd, das wir weniger und schlechter füttern, dem wir das Vertrauen ins Reiten und den Reiter nehmen und dem wir ordentlich Angst vor der Zukunft machen – mit einem solchen Pferd könnten wir noch ein Rennen gewinnen?

Engagement am Arbeitsplatz

Das schlechte Klima und die negative Stimmung in den Unternehmen und bei den Mitarbeitern wird durch eine von der Gallup Organization durchgeführte Studie statistisch repräsentativ bestätigt: Gallup untersucht seit 2001 jährlich international das Engagement der Mitarbeiter bei der Arbeit, genauer gesagt: den Grad der

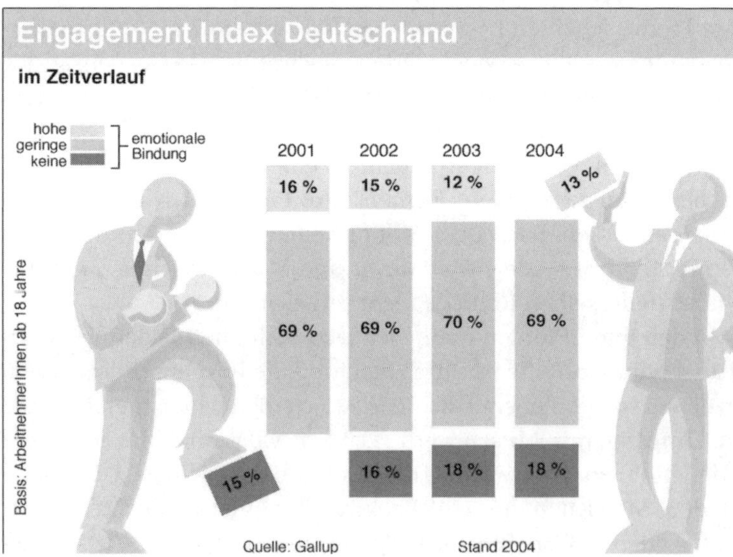

Engagement Index Deutschland (Quelle: ogs/The Gallup Organization)

emotionalen Bindung von Mitarbeitern an ihren Arbeitsplatz. Unterschieden wird zwischen einer hohen, einer geringen und einer fehlenden emotionalen Bindung.

Die Ergebnisse sind alarmierend: Von 2001 bis 2003 ist das Engagement immer weiter abgesunken; 2003 und 2004 hat es sich auf konstant niedrigem Niveau gehalten. Hatten 2001 noch 16 Prozent aller Arbeitnehmer eine hohe emotionale Bindung, so waren es 2003 nur noch 12 Prozent; 2004 sind es 13 Prozent. Mitarbeiter mit einer hohen emotionalen Bindung sind solche, die zu Spitzenleistungen gewillt sind und für den Erfolg alles geben. Gallup hält klar fest: »Sie stellen eine Kraft dar, die die Geschäftsentwicklung positiv beeinflusst.« Doch leider hat diese Gruppe von allen dreien nur den kleinsten Anteil.

Hohe emotionale Bindung

Das breite »Mittelfeld« stellen diejenigen dar, die nur eine geringe emotionale Bindung an ihren Arbeitsplatz verspüren. Seit 2001 sind das rund 69 Prozent. Mitarbeiter mit geringer Bindung haben ein ambivalentes Verhältnis zu ihrem Job. Sie leisten nur »Dienst nach Vorschrift« und sind im Prinzip wechselbereit, wenn sich für sie die Chance auf einen besseren Arbeitsplatz bietet.

Geringe emotionale Bindung

Besonders kritisch ist die Gruppe derjenigen, die keine emotionale Bindung an ihren Arbeitsplatz haben und keine echte Verpflichtung ihrer Arbeit gegenüber empfinden. 2001 waren das »nur« 15 Prozent, seit 2003 sind es 18 Prozent. Gallup hat festgestellt, dass solche Mitarbeiter »die innere Kündigung aufgrund von Resignation vollzogen haben oder das hassen, was sie tagtäglich tun«. Sie weisen eindeutig Verhaltenstendenzen auf, die massiv gegen die Interessen der Unternehmen verstoßen, zum Beispiel Mobbing, eine höhere Anzahl an Fehltagen oder ein Kundenabwanderungen begünstigendes Verhalten. Die innerlich Gekündigten »sind unglücklich mit ihrer Arbeitssituation und lassen das auch die Kollegen wissen (Gefahr durch Ansteckungseffekt).«

Keine echte Verpflichtung

Addiert man die beiden letztgenannten Gruppen, so sind 2004 sage und schreibe 87 Prozent aller Arbeitnehmer an ihrem Arbeitsplatz entweder nur minimal oder gar nicht engagiert! 2001 waren es immerhin »nur« 84 Prozent.

Das niedrige Engagement am Arbeitsplatz verursacht einen immensen wirtschaftlichen Schaden, den Gallup errechnet hat: In Deutschland beläuft er sich im Jahre 2004 auf eine Summe zwischen 234 und 245 Milliarden Euro, wobei allein der Schaden, der durch die Gruppe der Arbeitnehmer ohne emotionale Bindung zurückgeht, mit 88 bis 92 Milliarden Euro angegeben wird. Der Schaden hat sich seit 2001, als das Engagement ja noch ein wenig höher war, um rund 20 Milliarden Euro erhöht.

Enormer wirtschaftlicher Schaden

Deutschland nimmt unter allen untersuchten Ländern eine besonders schlechte Stellung ein. So sind in den USA immerhin 29 Prozent hoch engagiert und in Großbritannien 19 Prozent. »In diesen Ländern herrscht bereits seit einigen Jahren ein deutlich stärkeres Bewusstsein für die Bedeutung des Humankapitals vor, als dies bisher bei uns der Fall ist.« Denn, so Gallup: »Die Leistungsfähigkeit eines Unternehmens hängt neben dem Geschäftsmodell zu einem nicht unerheblichen Teil von den Mitarbeitern ab.«

Gallup möchte die Ergebnisse seiner Studie nicht als Arbeitnehmerschelte verstanden wissen, im Gegenteil. Grundsätzlich seien die Beschäftigten nicht als Leistungsverweigerer anzusehen, und Arbeit habe für sie einen hohen Stellenwert, was prinzipiell auch andere Studien bestätigen. »Das Problem ist vielmehr weitestgehend ›hausgemacht‹ und geht auf schlechte Führung in den Unternehmen hierzulande zurück. Kritik seitens der Arbeitnehmer wird dabei seit Jahren an den immer gleichen Aspekten geübt: Es mangelt an Anerkennung und Lob für gute Arbeit«. Von den Beschäftigten wird beanstandet, dass sich niemand im Unternehmen für sie als Mensch interessiere, die Förderung der individuellen Entwicklung auf der Strecke bleibe, ein regelmäßiges Feedback über persönliche Fortschritte fehle und ihre Meinung keinerlei Gewicht habe. »Die Führungskräfte schaffen es nicht, ihre Mitarbeiter emotional an sich zu binden«, so Gerald Wood, Deutschland-Geschäftsführer von Gallup.

Schlechte Führung als Ursache

Wie konnte es so weit kommen? Wie ist es möglich, dass das einstige Wirtschaftswunderland Deutschland so »auf den Hund« gekommen ist? Haben wir irgendwo eine falsche Abzweigung gewählt, uns vergaloppiert? Was läuft hier so grundverkehrt?

Der Unterschied zwischen Managen und Führen

Management ohne Menschen

Wir brauchen im Grunde gar nicht so weit zu suchen, um die Ursachen zu finden. Sie liegen darin, wie Management und auch Betriebswirtschaft seit eh und je verstanden werden. Die klassische Betriebswirtschaft orientiert sich an objektiven und messbaren Größen: Zahlen, Maschinen, Produkten und Unternehmensstrukturen. Menschen kommen darin so gut wie überhaupt nicht vor.

Menschenleere Theorien

Denken wir nur an die Managementansätze der letzten zehn Jahre, die eine nach der anderen über die Unternehmen hinwegschwappten: Business Reengineering, fraktale Organisation, Lean Management, Balanced Scorecard, Supply Chain Management – und wie sie alle heißen. Ging es in einem dieser Modelle um Menschen in den Unternehmen? Nein, es ging um die Veränderung und Anpassung von Unternehmensstrukturen und -prozessen mit dem Ziel, höhere Gewinne zu erwirtschaften oder Krisen zu überwinden. Der Mensch bzw. Mitarbeiter spielt dabei bestenfalls eine marginale Rolle. Menschen sind dabei nur die »Subjekte«, die den angeordneten Prozess- oder Systemveränderungen in den Unternehmen unterworfen sind.

Weil man die »Unsicherheitskomponente Mensch« irgendwie schlecht beherrschen und berechnen konnte, konzentrierte man sich in der Betriebswirtschaftslehre ausschließlich auf das, was sich scheinbar leichter beherrschen ließ, nämlich auf Zahlen, Organisationen, Produkte und Maschinen. Mitarbeiter werden gegenüber diesen materiellen Ressourcen als »Humanressourcen« bezeichnet, ein im Grunde menschenverachtendes Wort. Wie absurd diese Bezeichnung ist, kann man sich an Pferden klar machen: Niemand käme auf die Idee, die Tiere als »Reitressourcen« zu bezeichnen.

Betriebswirtschaftslehre und Managementtheorien klammern, ausgehend vom Taylorismus, von jeher den Menschen als Unternehmensfaktor aus. Sie geben auch keine Antwort auf die Frage, wie man Mitarbeiter führt. Damit gehen sie am entscheidenden Faktor des Unternehmenserfolgs vorbei!

Weil das Führen im Vergleich zum Managen noch immer »verdächtig« ist, weil es wie ein Fass ohne Boden zu sein scheint, konzentriert man sich auf die beherrschbaren materiellen Elemente und lässt auch bei Fortbildungen die Mitarbeiterführung eher zu kurz kommen. Es herrscht die Auffassung vor, beim Führen sei es mit ein paar Motivationstricks zur Manipulation der Mitarbeiter getan.

Unterschwellige Botschaften

Die Art und Weise, wie man von Unternehmensseite aus mit Mitarbeitern in der derzeitigen Krise verfährt, spricht eine deutliche Sprache. Die hinter den Entlassungen, Gehaltskürzungen, gebrochenen Versprechen und hinter der Misstrauensunkultur stehenden Aussagen der Unternehmen kommen in etwa so bei den Mitarbeitern an:

- »Du bist nur ein Kostenfaktor. Eigentlich wäre es besser, wenn wir ganz auf dich verzichten könnten. Vielleicht tun wir das auch demnächst.«
- »Wenn du die Arbeit nicht erledigst, macht es ein anderer. Du bist austauschbar.«
- »Als Kostenfaktor bist du nicht wichtig, ebenso wenig deine Anliegen und Bedürfnisse. Einem Kostenfaktor schenkt man nicht mehr Aufmerksamkeit als unbedingt nötig.«
- »Als ›Subjekt‹ bist du im Gegensatz zu Maschinen unberechenbar. Man kann dir grundsätzlich nicht trauen. Deswegen ist deine Kontrolle und Überwachung unerlässlich.«
- Mit anderen Worten: »Du bist ein totes Pferd.«

Ist nicht die Situation in vielen Unternehmen genau die lebendige Verkörperung dieser Sätze?

Führen versus Managen

Das herrschende Management-Paradigma hat auch dazu geführt, dass im Grunde kein Unterschied zwischen Managen und Führen gemacht wird: Alles wird wie materielle Dinge, Strukturen und Kapital »gemanagt«, d.h. »gehandhabt«, auch Menschen (Managen kommt von lat. manus, die »Hand«). Mitarbeiter lassen sich aber nicht managen, sondern nur »führen«. Wenn Mitarbeiter gemanagt anstatt geführt werden, erleben wir genau die oben beschriebenen Missstände in den Unternehmen.

Abgrenzungen

Hier die genaue Abgrenzung zwischen Managen und Führen:

- Managen heißt, mit objektiven und berechenbaren Größen zu arbeiten; Führen heißt, mit unberechenbaren menschlichen Größen zu arbeiten.

- Management bewegt sich in einem begrenzten (materiellen) System, Führen hingegen bewegt sich im offenen Raum des Menschseins.

- Managen heißt (Dinge, Abläufe, Strukturen) kontrollieren, Führen heißt (das Leistungspotenzial von Mitarbeitern) befreien.

- Dementsprechend sind Manager nicht automatisch Führungskräfte, und Führungskräfte sind nicht automatisch Manager.

Managen funktioniert nur in einem gegebenen Kontext oder System, und zwar nur dann, wenn es eine allgemeine Zustimmung zu diesem Kontext bzw. System gibt. Ändert sich der Kontext oder fehlt die Zustimmung, so wird das System früher oder später zusammenbrechen. Es scheint, als ob wir diesem Zusammenbruch in dem Maße entgegengehen, wie sich einerseits die anhaltende Wirtschaftskrise mit immer mehr Firmenzusammenbrüchen verschärft und die Sozialsysteme durch die hohe Arbeitslosigkeit überlastet werden.

Wer zu viel managt und zu wenig führt, verliert den Blick für das Menschliche.

Im Grunde wissen wir doch alle, woran es in den Unternehmen fehlt. Auch jeder Manager weiß das. Es ist nur so, als ob sich alle auf eine sehr merkwürdige Weise darauf geeinigt hätten, in die falsche Richtung zu schauen und dies auch noch sehr angestrengt zu tun. Man hat sich darauf »getunt«, das Menschliche nicht zu beachten, keine Gefühle zu zeigen. Stattdessen verlässt man sich auf die alten Steuerungsmittel Geld und Macht – nach dem Motto: Wer das Geld hat, hat die Macht, und wer die Macht hat, hat das Sagen. Wenn Probleme auf der menschlichen Ebene auftauchen, versucht man lieber, sie auf der materiellen Ebene – zum Beispiel durch Umorganisation, Unternehmensverkäufe, Bürokratie, überbordende Verwaltung, unzählige Richtlinien und natürlich Entlassungen – zu regeln, anstatt sich mit den Menschen im Unternehmen selbst, ihren Bedürfnissen und Wünschen, auseinanderzusetzen.

Doch Menschen lassen sich heute nicht mehr so »handhaben« wie zu Taylors Zeiten, und wenn doch, dann machen sie nur zum Schein mit: Es fehlt überall an Motivation, viele Mitarbeiter bringen sich höchstens mit 50 Prozent ihrer Leistungsbereitschaft ein. In der Folge fehlt es sowohl an Produktivität als auch an Innovationen, was wiederum die bestehenden Unternehmenskrisen weiter verschärft – ein Teufelskreis. Es ist höchste Zeit für einen Paradigmenwechsel im Verständnis für und im Umgang mit Mitarbeitern!

Wenn dein Pferd tot ist, steig ab!

»Wir können die Probleme nicht mit den Denkmustern lösen, die zu ihnen geführt haben.« (Albert Einstein)

»Toter« als das herrschende Paradigma des menschenverachtenden Managements und »toter« als der Glaube daran, dass ein Unternehmen ausschließlich auf der materiellen Ebene zu steuern ist, kann ein Pferd gar nicht mehr sein. Deshalb sollten wir das tun, was eine alte indianische Weisheit uns schon lange lehrt: absteigen.

Leider verhält man sich in den Unternehmen bisher ganz anders. Dort heißt es: Wenn das Pferd tot ist,

- besorgen wir eine stärkere Peitsche, um es besser antreiben zu können;
- besuchen wir andere Unternehmen, um uns anzuschauen, wie man dort tote Pferde reitet;
- erhöhen wir den Qualitätsstandard für den Beritt toter Pferde;
- spannen wir mehrere tote Pferde vor einen Wagen, damit sie schneller laufen;
- kaufen wir etwas hinzu, das das tote Pferd besser arbeiten oder aussehen lässt.
- Wenn das Pferd noch immer recht tot aussieht und alle bisherigen Maßnahmen nichts gebracht haben, warten wir erst mal ab, ob noch mehr Pferde sterben. Erst dann entscheiden wir, ob das Pferd wirklich tot ist. Vielleicht ist ja Totsein der Normalzustand, und wir haben das bisher nur noch nicht erkannt.
- Wir engagieren eine namhafte Unternehmensberatung, die in einer Expertise definitiv und endgültig unter Berücksichtigung aller wirtschaftlichen Faktoren, der strategischen Planung für das kommende Jahr und der allgemeinen Marktsituation klärt, ob das Pferd wirklich tot ist.
- Anschließend ändern wir die Kriterien, die festlegen, ab wann ein Pferd tatsächlich tot ist. So sieht das tote Pferd längere Zeit wenigstens noch ein bisschen lebendig aus.
- Wir bilden einen Qualitätszirkel, um neue Verwendungsmöglichkeiten für tote Pferde zu finden.
- Wir überarbeiten die Leistungsbedingungen für tote Pferde und richten eine unabhängige Kostenstelle für sie ein.
- Schließlich beauftragen wir einen schwächeren oder unbeliebten Mitarbeiter damit, das tote Pferd mit Mund-zu-Mund-Beatmung

wiederzubeleben. Wir lassen ihn wissen: Schafft er das nicht, so kann er mit seiner Kündigung rechnen. Natürlich bekommt er das nicht hin.

- Nach seiner bedauernswerten, aber leider unumgänglichen Entlassung stellen wir auf der Jahresbilanzpressekonferenz unmissverständlich fest, dass auch andere Unternehmen tote Pferde reiten, unser Pferd aber am besten, schnellsten und billigsten tot ist.

- Schließlich stellen wir entnervt fest: »So sind wir schon immer geritten.«

Und genau da liegt das Problem: So sind wir schon immer geritten. Oder, wie Mark Twain schreibt: »Nachdem wir unser Ziel endgültig aus den Augen verloren hatten, verdoppelten wir unsere Anstrengungen.«

Wie kommt es, dass wir schon immer auf toten Pferden geritten sind, dass Mitarbeiter in den Unternehmen so wenig Beachtung finden und im Zweifelsfall den vermeintlichen Sachzwängen unterliegen oder ihnen geopfert werden?

Höheres Engagement führt zu besseren materiellen Ergebnissen

Kein Schönwetterthema

Es ist ein wahrscheinlich vor allem in Deutschland tief verwurzelter Irrglaube, dass positive finanzielle Unternehmensergebnisse zu einem höheren Engagement in der Mitarbeiterschaft führen. Mit anderen Worten: Man ist der Ansicht, dass Unternehmenskultur etwas ist, das nur für gute Zeiten und florierendes Wirtschafts- oder Unternehmenswachstum taugt. Den Mitarbeitern darf es richtig gut gehen – sie dürfen super verdienen, bekommen Boni und Gehaltszulagen, zusätzliche Urlaubstage, gute Fortbildungen und exzellente Aufstiegsmöglichkeiten –, aber bitte doch nur dann, wenn das Unternehmen floriert. Ist die Auftragssituation mau, die Finanzlage prekär, die Wirtschaftslage schlecht, so müssen alle »Verzicht« leisten; in diesem Fall darf es den Mitarbeitern ruhig schlecht gehen. Unternehmenskultur – der menschliche Umgang mit Mitarbeitern, das Eingehen auf ihre Bedürfnisse, ihre Motivation – wird damit zu einem Schönwetterthema herabgewürdigt. Es wird so getan, als ob es dem »Sahnehäubchen« auf dem Cappuccino entspräche, wenn die Bedürfnisse von Mitarbeitern erfüllt werden und die Unternehmenskultur stimmig ist.

Doch leider wird damit das Pferd vom Schwanz aufgezäumt. Denn es verhält sich genau umgekehrt: Nicht positive finanzielle Unternehmensergebnisse führen zu einem höheren Mitarbeiterengagement, sondern engagierte und motivierte Mitarbeiter tragen maßgeblich zu höheren Gewinnen bei.

Dies ist nicht etwa nur meine ganz persönliche Ansicht – die ich in meinem eigenen Unternehmen seit Jahren bestätigt sehe –, sondern es ist das auch das Ergebnis einer wissenschaftlichen Untersuchung des Beratungsunternehmens Hewitt Associates aus dem Jahre 2003. In einer repräsentativen Befragung von weltweit über 1500 Firmen stellte man fest, dass Unternehmen mit hohen Engagement-Werten bei den Mitarbeitern einen deutlich höheren Total Shareholder Return (TSR) aufweisen als Unternehmen mit niedrigem Mitarbeiter-Engagement.

- Lag der Engagement-Wert zwischen 60 und 100 Prozent, so wurde ein TSR von 24,2 Prozent erzielt;

- lag das Engagement nur zwischen 40 und 60 Prozent, so fiel der TSR auf 9,1 Prozent;

- bei einem Mitarbeiterengagement von unter 25 Prozent rutschte der TSR sogar in den Minusbereich.

Das allein wäre schon Grund genug, die toten Pferde tot sein zu lassen und sich stattdessen um die lebenden zu kümmern – sprich: den Mitarbeitern im Unternehmen mehr Aufmerksamkeit zu schenken als materiellen Dingen.

Gerade in turbulenten, krisengeschüttelten Zeiten und in einer eher schwachen Konjunktur ist hohes Mitarbeiterengagement – und alle damit verbundenen positiven »Begleiterscheinungen« wie starke Identifikation mit der Firma, ein ausgeprägtes Gemeinschaftsgefühl, Freude an der Arbeit, hohe Produktivität – wesentlich für das Überleben von Unternehmen.

Die Untersuchung von Hewitt Associates zeigt auch: Nicht die materielle Seite des Unternehmens – Umsätze, Produkte, Maschinen usw. – entscheidet über die immaterielle Seite – Mitarbeiterengagement, Produktivität, Freude bei der Arbeit, innovative Ideen –, sondern genau umgekehrt: Die immaterielle Seite ist ein Indikator dafür, was auf der materiellen Ebene, der Haben-Seite auf dem Konto, in nächster Zeit zu erwarten sein dürfte.

Geist bewegt Materie

Und nun verstehen wir auch, warum es in der deutschen Wirtschaft in vielen Unternehmen und Branchen so mies aussieht wie nie zuvor: Auf der immateriellen Seite hat sich ein gewaltiges Defizit in Form von Misstrauen, Kontrolle, Überwachung, Mobbing, fehlendem Engagement, schlechter Stimmung, innerer Kündigung usw. aufgebaut, das sich dann am Jahresende natürlich in den Bilanzen niederschlägt. Und je schlechter das Klima wird, desto roter werden die Bilanzen. Alle Versuche, das tote Pferd durch kosmetische Behandlungen noch ein bisschen länger lebendig aussehen zu lassen, sind rein zwecklos und verzögern bestenfalls seine Beerdigung.

Gar nicht auszudenken, wie hervorragend es den deutschen Unternehmen wieder gehen würde, wenn sich die immaterielle Seite nur ein klein wenig – sagen wir um 20 Prozent – verbessern würde, wenn nur 20 Prozent mehr Mitarbeiter wieder jeden Tag mit Freude zur Arbeit gingen, sich auf die Zusagen der Unternehmensführung verlassen könnten und sich produktiv und innovativ in die Firmen einbrächten! Wir hätten in Kürze genau jene »blühenden Landschaften«, von denen hier schon seit langem die Rede ist. Die dreistelligen Milliardendefizite, die Gallup ausgemacht hat, wären in Null komma nichts abgebaut, und Deutschland würde nicht nur um 10 oder 20 Prozent wachsen, sondern um mehrere 100 Prozent!

Auf lebende Pferde umsatteln

Eines steht fest: Wir brauchen ein neues Verständnis von Mitarbeiterführung. Wir brauchen »Führungskräfte«, die diesen Namen wirklich verdienen, und wir müssen im Umgang mit Mitarbeitern völlig neue Wege gehen. Mit anderen Worten: Es muss ein Wertewandel stattfinden. Die Unternehmenskultur und die Menschen in den Unternehmen müssen einen höheren Stellenwert erhalten als Umstrukturierungs- oder Kostensenkungsmaßnahmen.

Hohe Korrelation zwischen Werten und Erfolg

Das MCM Institut der Universität St. Gallen und die Deep White Unternehmens- und Wertekultur GmbH, Bonn haben im Jahr 2003/2004 mehr als 2000 Mitarbeiter in 33 Unternehmen befragt, um einen messbaren Zusammenhang zwischen dem in Unternehmen gelebten Wertesystem und dem betriebswirtschaftlichen Erfolg zu ermitteln. Basierend auf einer Langzeituntersuchung der Akademie Schloss Garath, die Denkfabrik GmbH, wurde festgestellt: Erfolgreiche Unternehmen weisen eine auffallend hohe Korrelation in ihren Wertekulturen auf. Hier ein kleiner Ausschnitt aus den Wertefaktoren, die den Unternehmenserfolg nachhaltig begünstigen:

- Sich uneingeschränkt einzubringen und sich konstruktiv und loyal unterzuordnen steigert die Unternehmensrendite um 171 Prozent;

- in Unternehmen, in denen Vertrauen höher bewertet wird als zu viel Kontrolle, liegt die Rendite um 162 Prozent höher als in Unternehmen, wo Kontrolle das oberste Prinzip ist;

- wo gelacht wird und es fröhlich zugeht, wo auch geblödelt werden darf, liegt die Rendite um 150 Prozent höher;

- wenn Mitarbeiter Freiräume haben, um Dinge infrage zu stellen und kontrolliert zu experimentieren, steigt die Rendite um 146 Prozent;

- wird lebenslanges Lernen als wichtig angesehen, werden Niederlagen mutig und systematisch aufgearbeitet, so ist die Rendite um 145 Prozent höher;

- wo Spitzenleistungen nicht nur in der Technologie, sondern auch in der Kommunikation eingefordert werden, dort ist die Rendite um 99 Prozent höher.

Demgegenüber stehen die Misserfolgswerte, die die Renditen sinken lassen:

- Unternehmen, in denen Autorität als Folge von Macht und Besitz gelten, aber nicht von Charisma oder geistiger Führung, weisen eine um 47 Prozent niedrigere Rendite auf;

- wo Distanz zum anderen als erstrebenswert gilt, liegt die Rendite um 52 Prozent niedriger;

- wo die Aussage gilt: »Wer es nicht zur Meisterschaft in Anpassung und Unterwerfung gebracht hat, wird straucheln«, ist die Rendite um 55 Prozent niedriger;

Die festgefahrenen Spuren verlassen

- in Unternehmen, in denen so genanntes »gesundes Misstrauen« angesagt ist und es als erstrebenswert gilt, nur »mit äußerster Vorsicht« vorzugehen, ist die Rendite sogar um 56 Prozent niedriger.

Auch diese Studie zeigt noch einmal, dass die wahren unternehmerischen Erfolgsfaktoren, die sich in den Bilanzen niederschlagen, auf der immateriellen Ebene liegen und sehr viel mit Mitarbeiterführung zu tun haben. Was braucht es noch, damit wir endlich umdenken?

Ich lade Sie ein, die alten festgefahrenen Spuren zu verlassen und mit mir in den folgenden Kapiteln für Ihre Traumfirma eine neue Art von Führung zu kreieren. Lassen Sie uns gemeinsam die toten Pferde endlich beerdigen und anschließend mit den lebenden spielen, lachen und arbeiten!

Wir Menschen arbeiten alle in einer riesigen Firma mit über sechs Milliarden Mitarbeitern auf der ganzen Welt. Die ganz großen Abteilungen sind noch sehr zerstritten. Aber was hindert uns daran, in den ganz, ganz kleinen Unterabteilungen schon einmal anzufangen, liebevoll und anständig miteinander umzugehen?

2.
Was Führen wirklich bedeutet

Im vergangenen Kapitel haben wir deutlich gemacht, dass es einen Unterschied zwischen Managen und Führen gibt. Managen ist auf Sachen, auf Strukturen, Prozesse, Maschinen, Produkte und finanzielle Ergebnisse konzentriert, hat also mit materiellen Objekten zu tun. Führen ist demgegenüber auf die Mitarbeiter im Unternehmen ausgerichtet, hat demnach mit menschlichen Subjekten zu tun. Da Menschen als unberechenbar erscheinen (aber im Grunde nicht sind), haben Betriebswirtschaft und Managementlehre von jeher ihr Augenmerk mehr auf die materiell beherrschbaren Dinge im Unternehmen gelegt, während die menschliche Seite meist zu kurz gekommen ist.

Wir haben gesehen, dass uns diese Anschauung in eine Sackgasse geführt hat: Wir stecken nicht nur in einer Wirtschaftskrise bisher unbekannten Ausmaßes, sondern erleben auch, dass alle zwischenmenschlichen Komponenten in den Unternehmen so massiv vernachlässigt werden, dass Misstrauen, Kontrolle, schlechte Stimmung, Demotivation, innere Kündigung von weit mehr als 50 Prozent aller Beschäftigten und ein vielfach unfairer Umgang miteinander in vielen Unternehmen an der Tagesordnung sind. Demzufolge haben die Produktivität wie auch die Innovationskraft der Unternehmen massiv gelitten, was sich wiederum auf den wirtschaftlichen Erfolg im Ganzen negativ niederschlägt und die Krise weiter verschärft. Von einer »Traumfirma« sind die meisten Unternehmen meilenweit entfernt.

Ich behaupte, dass wir diese Krise nur überwinden können, wenn wir ein völlig neues Verständnis von Führung entwickeln, wenn wir nicht weiter an Dingen, Zahlen und Organisationen herummanipulieren, sondern wenn wir endlich den Menschen in den Unternehmen ernsthaft unsere Aufmerksamkeit schenken. Der Schlüssel zum Unternehmenserfolg liegt in den Mitarbeitern, nicht in den materiellen Objekten.

Pferdeflüstern. Bernd Osterhammel

ISBN: 3-527-50195-9

Merkmale erfolgloser Führung

Es ist eigenartig: Vom Manager haben wir in der Öffentlichkeit ein ganz bestimmtes Bild, von der Führungskraft hingegen eigentlich gar keines. Wir kennen genau die Kriterien eines guten Managers – oder glauben zumindest, sie zu kennen –, während wir kaum sagen können, was eine gute Führungskraft ausmacht, wie also die Persönlichkeit eines Menschen beschaffen sein sollte, der andere Menschen führt. Das liegt sicher auch daran, dass eben Führen und Managen meist in einen Topf geworfen werden.

Ein Manager sollte – entsprechend seinem allgemeinen Rollenbild in der Öffentlichkeit – ein »taffer Typ« sein: immer erfolgreich, ohne Schwächen, durchsetzungsstark, dynamisch, hart, eloquent und gewappnet mit einer profitsicheren Taktik. Außerdem sollte er alles ein bisschen besser können als seine Mitarbeiter im Unternehmen.

Bei genauerer Betrachtung stimmt dieses Bild bedenklich mit dem guten, alten Don Quijote überein, der seinen Knecht Sancho Pansa energisch herumkommandierte und sich immer einbildete, alles zu können, dabei aber herzlich wenig zustande brachte. Don Quijote ritt auf einem Gaul, den er selbst für ein edles Pferd hielt, der aber trotz seines volltönenden Namens Rosinante nichts weiter als ein elender Klepper war.

Don Quijote

Bekannt unter den vielen Episoden seines ritterlichen Lebens ist Don Quijotes Kampf gegen die Windmühlenflügel. Er hielt sie für Riesen und rannte auf seinem Pferd mit angelegter Lanze gegen sie an, was freilich übel für ihn ausging. Seitdem ist der »Kampf gegen die Windmühlenflügel« sprichwörtlich geworden. Sind nicht auch die Anstrengungen vieler Manager gegen die wirtschaftlichen Probleme in den Unternehmen ein solcher Kampf gegen Windmühlenflügel, nämlich gegen die falschen Feinde, die in Organisationsschwächen, strategischen Planungen, Produkten oder Konsumzurückhaltung vermutet werden, nicht aber im Umgang mit den Mitarbeitern gesucht werden?

Don Quijotes einziger Mitarbeiter und loyaler Knecht Sancho Pansa folgte zwar seinem Herrn stets treu ergeben, durchschaute ihn aber. Er ließ sich vom arroganten Getue seines Herrn nicht blenden, auch wenn dieser auf einem hohen Ross saß, er hingegen nur auf einem armseligen Eselchen hinterher folgte. Für Sancho Pansa war sein Chef nichts weiter als die wahrhaft jämmerlichste Gestalt, die er je in seinem Leben gesehen hatte. Das brachte Don Quijote denn auch den Beinamen »Ritter von der traurigen Gestalt« ein.

Die Mitarbeiter durchschauen oft sehr viel besser, was im Unternehmen schief liegt, als die Manager und Führungskräfte. Und was sie von deren Getue halten, offenbart sich unter anderem in der seit einiger Zeit in der Öffentlichkeit geführten Kritik an ihren viel zu hohen Gehältern, aber vor allem in ihrer fehlenden oder geringen emotionalen Bindung an ihre Arbeitgeber und ihrem schwindenden Engagement am Arbeitsplatz. Don Quijote hat da noch Glück gehabt: Die innere Kündigung war seinem Knecht Sancho Pansa fremd; damals waren Knechte stets willig und machten alles mit, was ihre Herrschaften anordneten. Heute lassen sich Mitarbeiter nicht mehr auf diese Weise führen.

Parallele zu modernen Unternehmen

Ich gebe gerne zu, dass ich früher in meinem Unternehmen auch so ein Ritter von der traurigen Gestalt oder so ein Boss auf hohem Ross war. Getreu dem Motto »dem Ingschenör ist nichts zu schwör« habe ich mich in alles hereingehängt, habe alle Abläufe, Vorgänge und Projekte überwacht und wollte auch noch alles ein wenig besser können als meine Mitarbeiter. Das Ergebnis können Sie sich leicht vorstellen: Es muss natürlich in totaler Verzettelung münden, verbunden mit einer 60- bis 80-Stunden-Woche. Daneben war der 16-Stunden-Arbeitstag eines Ackergauls oder Droschkenpferdes im 19. Jahrhundert geradezu ein Sonntagsspaziergang.

Der Fehler war nicht nur, dass ich als Chef in anstatt an meiner Firma arbeitete und damit bald völlig den Überblick verlor, sondern auch, dass ich den Mitarbeitern keine Gelegenheit gab, sich zu entfalten. Wer in völliger Selbstüberforderung und -überschätzung glaubt, auch noch alles besser als seine Mitarbeiter machen zu müssen, gibt ihnen natürlich nicht die Möglichkeit, sich zu beweisen. Das Ergebnis war Frust auf beiden Seiten: Ich war völlig überfordert und überverantwortlich für alles, was schief ging oder hätte schief gehen können, meine Mitarbeiter hingegen waren zumindest teilweise unterfordert

Selbstüberforderung

und übernahmen eher zu wenig Verantwortung. Manche kündigten, wenn sie genug hatten.

Es ist in unserer hochgradig arbeitsteiligen Geschäftswelt heute ausgeschlossen, dass ein Chef oder eine Führungskraft alles (oder vieles) besser kann als die Mitarbeiter. Solch eine Anforderung an sich selbst kann nur in dauernder Arbeitsüberlastung einerseits und im Mitarbeiterfrust andererseits enden.

Im Grunde nahm ich die Mitarbeiter in meinem Unternehmen gar nicht richtig wahr, weil es mir ja nur um die Firma, um Aufträge, Projekte, Kunden usw. ging. Ich sah immerfort nur, was unsere Arbeit war, aber nicht, wer bei mir eigentlich die Arbeit erledigte. Getreu dem falschen Glaubenssatz »Business (oder Geschäftsführung) ist Kampf ums Überleben«, kämpfte auch ich den ganzen Tag, ohne dass es in unserem Unternehmen nennenswert voranging. Im Gegenteil, wir mussten tatsächlich in der nachlassenden Baukonjunktur um jeden neuen Auftrag und Kunden wie auch um einigermaßen faire Honorare kämpfen. Mit anderen Worten: Ich betrieb »Management by Nilpferd«; ich hielt mich mit großem Maul mühsam über Wasser, ähnlich wie es zurzeit viele Unternehmen tun.

Management by Nilpferd

Im Grunde handelte ich entsprechend dem herrschenden Managerklischee, dem ich als Chef des Unternehmens, das ich von meinem Vater übernommen hatte, glaubte folgen zu müssen. Doch welchem Leitbild hätte ich sonst folgen können? Ein anderes als das übliche Bild vom »Unternehmensführer« – Marke Don Quijote – hatte ich als junger Spund von damals 25 Jahren nicht kennen gelernt.

Ein neues Verständnis von Führung

Ich musste erst meinen eigenen Führungsstil finden. Und dabei half mir ein eher zufälliges Erlebnis: Mit einer Gruppe mir vorher unbekannter Teilnehmer unternahm ich eine Reiterreise auf Island. Zusammen mit einem Führer ritten wir 14 Tage lang durch das Land, wobei diverse schwierige Situationen auftauchten. In dem gebirgigen Gelände mit reißenden Flüssen konnte es zum Beispiel leicht passie-

Reiterreise auf Island

ren, dass jemand beim Reiten stürzte. Während unser Führer immer vorneweg ritt, hatte ich ein Auge auf meine Mitreiter: Ich passte auf, dass alle auch auf schwierigem Gelände mitkamen und den Anschluss nicht verloren. Insbesondere zwei jüngere Reiter hatten ihre Fähigkeiten als Reiter überschätzt, waren häufig mit den Pferden überfordert und brauchten Hilfe.

Auf halber Strecke schloss sich unserer Gruppe ein Geschäftsmann an, der mich schon gleich am ersten Tag für den Führer der Gruppe hielt. Zunächst irritierte mich das ein wenig, denn schließlich war der Führer derjenige, der allen voranritt und den Weg kannte. Am Ende der Reiterreise schließlich sprach mich eine Mitreiterin an: »Bernd, du bist ein guter Führer, denn du hast uns alle durch den Urlaub gebracht.« Erst da wurde mir klar, dass mein bisheriges Verständnis von Führung viel zu eng und teilweise auch falsch gewesen ist.

Sehr oft denken wir, Führung sei gleichbedeutend damit, vorneweg zu laufen. Viel öfter heißt Führung jedoch, darauf zu achten, dass niemand hinten herunterfällt.

Die Rolle dessen, der aufpasst, dass niemand hinten herunterfällt, hatte ich freiwillig übernommen, ohne dass mich jemand darum gebeten hatte. Ich half einfach immer wieder, wenn ich sah, dass einige Teilnehmer der Reise überfordert waren. Genau diese Art der Unterstützung wurde von meinen Mitreitern als »Führung« wahrgenommen, von mir jedoch lange Zeit nicht. Während ich mich häufig in der Mitte oder am Ende unseres Trosses aufhielt, lief der eigentliche Führer, der von uns bezahlte offizielle Reiseleiter, ohne Rücksicht auf Verluste immer vorneweg. Im Grunde kannte er nur den Weg durch Island und das Ziel der Reise, sonst nichts. Er wollte oder konnte aber den Reisenden nicht bei ihren Problemen helfen und überforderte vor allem die schwächeren Reiter auf dem schwierigen Gelände.

Die Parallele zum Unternehmen ist offensichtlich: Vielfach wird von der Unternehmensleitung ein Kurs eingeschlagen, der ohne Rücksicht auf Verluste durchgezogen wird. Wer von den Mitarbeitern auf der Strecke bleibt, hat eben Pech gehabt – und bleibt entweder demotiviert oder schlimmstenfalls arbeitslos zurück. Auf diese Art und Weise lassen sich aber Ziele nicht erreichen, denn wer auf dem Weg zum Ziel die Hälfte seiner Ressourcen verliert, kann kaum als erfolgreich bezeichnet werden.

Das Beispiel zeigt auch: Es ist nicht nötig, dass derjenige, der vorneweg läuft, unbedingt alles besser können muss – oder dass vorneweg zu laufen gleichbedeutend damit ist, alles besser zu können. Es kommt eben auf eine sinnvolle Arbeitsteilung zwischen Führern und Geführten an. Was es noch bedeutet, als Führungskraft Schwächere mitzuziehen, damit beschäftigen wir uns in einem späteren Kapitel.

Erfolgstreiber und Erfolgskiller

Dass wir ein neues andersartiges Verständnis von Führung brauchen, bestätigt auch die schon im letzten Kapitel erwähnte Grundlagenstudie *Wertekultur und Unternehmenserfolg,* die die Universität St. Gallen zusammen mit der Unternehmensberatung Deep White durchgeführt hat. Die Studie kommt unter anderem zu dem Ergebnis:

Eine nur auf Leistung getrimmte Unternehmenskultur (sprich: wenn eine Führungskraft ohne Rücksicht auf Verluste zielorientiert vorneweg läuft) führt zu Unzufriedenheit, mangelnder Motivation und fehlender Selbstverwirklichung der Mitarbeiter. Aus pflichtgetriebener Leistung erwächst kein Effekt auf den Unternehmenserfolg.

Harte und weiche Werte

In der Studie wird zwischen so genannten »harten« und »weichen« Werten unterschieden. Zu den Erfolgskillern gehören harte Werte wie Macht, zu viel Routine, Pflicht, Disziplin, Kontrolle, Führung mit Angst oder eine schlechte Streitkultur. Erfolgstreiber hingegen sind weiche Werte wie das Agieren mit einem ausgeprägten Maß an Bodenständigkeit und der Möglichkeit zur Selbstverwirklichung von Mitarbeitern (vgl. Herrmann u.a. 2004).

- Vision: Eine klar formulierte Vision leben
- Tradition: Das Unternehmen ist fest mit seiner Tradition verbunden
- Erfahrung: Erfahrene und routinierte Mitarbeiter
- Kreativität: Freiraum für Ideen
- Wissen: Wissen der Mitarbeiter als wichtigstes Kapital
- Ethik/Moral: Praktiken stets nach ethisch-moralischen Prinzipien

- Selbstverwirklichung: Voll in der Arbeit aufgehen
- Herausforderung: Komplexe Aufgaben anpacken können
- Selbstachtung: Keine persönlichen Grenzen überschreiten
- Engagement: Sehr viel Eigeninitiative der Mitarbeiter
- Gleichberechtigung: Chancengleichheit für Frauen und Männer
- Interner Wettbewerb: Mitarbeiter messen sich intern mit anderen

Werte mit positivem Einfluss auf den Unternehmenserfolg

- Struktur: Definierte Schnittstellen für die Zusammenarbeit von Einheiten
- Eigenverantwortung: Hohe Verantwortung für die Zielerreichung an Mitarbeiter übertragen
- Kontrolle: Arbeitsergebnisse stets mit den Zielen vergleichen
- Routine: Routinierte Arbeitsabläufe
- Ästhetik: Viel Wert auf dem äußeren Erscheinungsbild von Mitarbeitern

Werte mit negativem Einfluss auf den Unternehmenserfolg

Gar nicht mehr überraschend ist mittlerweile, dass unter den Negativwerten einige rangieren, die sogar zu den Manager-»Tugenden« gerechnet werden, wie Kontrolle, Struktur und interner Wettbewerb.

Die Studie macht deutlich, dass nicht in allen erfolgreichen Unternehmen dieselben Werte maßgeblich sind. Vielmehr gibt es ein breites Spektrum von insgesamt 63 Werten, aus denen jedes Unternehmen individuell seinen Kanon zusammenstellt. In meinem Unternehmen zum Beispiel haben, seit ich mich vom managerüblichen Klischee abgewandt und meine eigene Art der Führung gefunden habe, die Werte Kreativität, Wissen, Ethik/Moral, Selbstachtung, Engagement und Authentizität einen besonders hohen Stellenwert.

Authentisch zu sein, ist für uns wichtig, weil es immer zu einem Energieverlust führt, wenn man sich verbiegen muss. Bei uns gibt es zum Beispiel keine Kleiderordnung, so dass im Hochsommer Mitarbeiter auch schon mal in kurzer Hose kommen. Dennoch gibt es keine Konflikte mit Kunden, die selbst andere ästhetische Vorstellungen haben. Einer unserer Kunden taucht immer wie aus dem

Ei gepellt bei uns auf. Er hat keine Probleme damit, dass unser Mitarbeiter, der für ihn die Planung macht und die Bauleitung betreut, oft mit einem aus der Hose heraushängenden Hemd herumläuft. Unser Kunde hat den Mitarbeiter so akzeptiert, wie er ist, weil auch unser Unternehmen ihn akzeptiert.

Auch andere erfolgreiche Unternehmen unterscheiden sich in der Unternehmenskultur vom Durchschnitt:

Beispiel

Im Jahre 2003 erhielt die Firma Hilti aus dem liechtensteinischen Schaan, bekannt für ihre Bohrmaschinen, den Carl-Bertelsmann-Preis für vorbildliche Untenehmenskultur. Mitarbeitern, die bei Hilti anfangen, werden in einem dreitägigen Seminar die Spielregeln des Miteinanders im Maschinenbau-Konzern erläutert: Integrität, Teamarbeit, Offenheit und Mut. In Rollenspielen wird praktisch trainiert, wie sich die Werte im Alltag umsetzen lassen und welche Rechte und Pflichten jeder dabei hat. Auch Vorstände und Verwaltungsräte werden in das Training einbezogen; Führungskräfte werden also nicht verschont. »Man kann doch nicht eine Unternehmenskultur schaffen wollen und dann das Thema an die Personalabteilung delegieren«, meint dazu Michael Hilti.

In der Wertestudie kommt Gregor Schönborn, Gründer von Deep White, zu einem bemerkenswerten Resümee: »In neun von zehn Unternehmen wirken die Mitarbeiter mit hoher Leistungsbereitschaft. In mehr als jedem zweiten Unternehmen wird jedoch die positive Wirkung der stark ausgeprägten Leistungsbereitschaft durch Erfolgskiller der harten Wertekulturen zum Teil wieder zunichte gemacht.«

Neun von zehn Unternehmen haben eigentlich von Natur aus leistungsbereite Mitarbeiter, schaffen es aber, ihre Mitarbeiter so zu demotivieren, dass sie sich damit selbst um den Erfolg bringen. Ist das nicht tragisch?

Wir leben in unterschiedlichen Realitäten

Unterschiedliche Wahrnehmungen von Führungskräften und Mitarbeitern

Ich bin überzeugt, dass ein großer Teil der Probleme zwischen Führungskräften und Mitarbeitern auf ihre unterschiedliche Wahrnehmung zurückgeht. Was wir wahrnehmen, entspricht niemals den Tatsachen, auch wenn wir das gerne glauben wollen; vielmehr entspricht es unseren Deutungsmustern bzw. unserer Interpretation dessen, was wir »für wahr nehmen« oder halten.

Kommunikationsdramen

Wenn wir uns als Führungskraft über einen Mitarbeiter ärgern, wenn wir mit ihm unzufrieden sind, weil er zum Beispiel unserer Meinung nach etwas falsch gemacht hat, so steckt dahinter häufig ein Kommunikationsdrama, das auf der unausgesprochenen Voraussetzung basiert: »Der andere muss die Welt genauso sehen wie ich.« Weil er aber die Welt aus einem anderen Blickwinkel sieht, ärgern wir uns. Der Mitarbeiter hätte doch diese oder jene Sache erkennen müssen, hätte doch so oder so reagieren müssen – hat er aber nicht. Deshalb nützt es auch gar nichts sich aufzuregen. Wir könnten unendlich viele Meinungsverschiedenheiten, Streitereien und Auseinandersetzungen – und damit auch eine schlechte Unternehmenskultur und Mitarbeiterfrust – vermeiden, wenn wir uns dies von vornherein klar machen würden. Schon der alte Konrad Adenauer sagte lapidar: »Wir leben alle unter demselben Himmel, aber wir haben nicht alle denselben Horizont.«

Früher habe ich mich in meiner Firma auch oft über meine Mitarbeiter aufgeregt. Lief irgendetwas schief, so habe ich gleich nach dem Schuldigen gesucht. Viel überflüssige Energie floss in solche Auseinandersetzungen – Energie, die mir und meinen Mitarbeitern das Leben nicht leicht und angenehm, sondern schwer gemacht hat. Wer immer wieder in solche Auseinandersetzungen hineingerät oder sie anzettelt – gleich ob Mitarbeiter oder Führungskraft –, der kann im Arbeitsalltag kaum Leichtigkeit und Harmonie empfinden, weil er schon morgens mit einem beklemmenden Gefühl zur Arbeit geht.

Heute reagiere ich anders. Wenn man sich klarmacht, dass jeder eine andere Weltsicht hat, dann kann man sich von Bewertungen der Dinge und Menschen, die angeblich »schuld« sind, etwas »falsch« gemacht haben, »schlecht« sind usw. lösen. Man kann die Dinge wertfrei sehen, und man kann jedem zugestehen, dass er aus seiner eigenen individuellen Sichtweise immer »Recht« hat. Und man kann aufhören, nach einem Schuldigen zu suchen.

Wenn wir jedem Mitarbeiter seine eigene Realität und seine eigene Weltsicht zugestehen, dann wird das Leben sehr viel leichter und angenehmer, denn wir hören auf, Dinge und Menschen zu bewerten und zu verurteilen.

Kundenreklamation

Passiert heute ein Malheur in meiner Firma, dann rege ich mich nicht mehr auf. Als einmal ein Projekt total schief lief, rief bei uns der Kunde an und schrie wutschnaubend am Telefon: »Wer hat das verbockt?« Ganz ruhig und ohne überhaupt mit den Einzelheiten des Projekts vertraut zu sein, habe ich mit nur einem Wort geantwortet: »Ich.« Daraufhin konnte ich sofort fühlen, wie am anderen Ende der Telefonleitung buchstäblich die Luft heraus war. Der Zorn des Kunden war nach diesem einen Wort von mir verraucht. Anstatt dass wir uns in nervenaufreibender Weise auf die Suche nach dem Schuldigen gemacht oder – noch schlimmer – gegenseitig beschuldigt hätten, konnten wir nun ruhig und sachlich darüber sprechen, wie das Projekt noch zu retten war.

Anschließend bin ich zu meinen Mitarbeitern gegangen und habe mit ihnen geklärt, wie wir die Sache in den Griff bekommen und den Kunden zufriedenstellen konnten. Mir war klar: Als Führungskraft bin ich und niemand anders verantwortlich für das, was in meinem Betrieb oder Bereich geschieht, selbst wenn ich im Augenblick nicht über alle Details vollständig informiert bin. Meine Mitarbeiter haben sicher, davon bin ich ausgegangen, im Laufe des Projektes ihr Bestes gegeben; trotzdem ist etwas schief gegangen, was soll's? Shit happens. In einer 24-Stunden-Aktion, die außer der Reihe und zusätzlich zu den übrigen Arbeiten lief, ist es uns gelungen, das Projekt doch noch zu retten. Der Kunde war zufrieden und ist uns treu geblieben.

Wenn Probleme in der Firma auftauchen, dann suche ich die Lösung dafür heute nicht mehr in der Außenwelt bei irgendwelchen

»Schuldigen«, sondern ich frage mich: Was hat das mit mir zu tun? Wie kommt es, dass mir das jetzt passiert? Damit übernehme ich die Verantwortung für das, was mir geschieht. Diese Frage ist konstruktiv, und die Antwort darauf kann zur echten Selbsterkenntnis führen.

Die Verantwortung übernehmen

Wir haben in jedem Augenblick die Wahl, ob wir aus den kleineren und größeren Missgeschicken des Lebens ein Drama machen oder ob wir die Sache nüchtern und wertfrei betrachten und anschließend daraus lernen wollen.

Wer bewusst die Verantwortung für sein Erleben übernimmt, der agiert, anstatt zu reagieren. Er gewinnt damit ein Stück Macht – Macht über sich selbst; er ermächtigt sich selbst. Das kann er, wenn er ganz im Hier und Jetzt ist, anstatt auf der Suche nach einem Schuldigen im Nebel der Vergangenheit herumzustochern.

Den Mitarbeitern ihre individuellen Sichtweisen zuzugestehen, anstatt als Führungskraft darauf zu beharren, dass nur die eigene Perspektive richtig ist, hat noch weitere Vorteile: Wir leben in einer immer komplexer werdenden Arbeitswelt. Wie schon gesagt, ist es totale Selbstüberforderung, als Führungskraft mehr oder alles besser als die Mitarbeiter wissen zu wollen. Wer auf seiner Sichtweise als einzig richtiger besteht, beraubt sich damit einer Vielzahl wirtschaftlicher Möglichkeiten und neuer Chancen in seinem Unternehmen, denn er beansprucht für sich, die steigende Komplexität allein überblicken zu können.

Neue Chancen

Die Sichtweise der Mitarbeiter kann bereichernd sein, kann Neues, Innovatives, neue Problemlösungen hervorbringen, auf die die Führungskraft selbst nicht gekommen wäre. Das funktioniert aber nur, wenn die Mitarbeiter nicht top-down gesteuert werden nach dem Motto: »Alles mir nach, ich allein kenne die Richtung« oder »Ich sage hier die Wahrheit und Sie haben nur eine Meinung«. Reinhard Sprenger bezeichnet dies als die »kommunikative Einwegflasche«.

Ein Führungsstil, der nur die Sichtweise der Führungskraft als die einzig richtige gelten lässt, beraubt sich einer Vielzahl von Weiterentwicklungsmöglichkeiten. Eine »Mono-Realität« wird einer komplexer werdenden und für jeden Einzelnen immer weniger überschaubaren Arbeits- und Produktwelt nicht mehr gerecht.

Ich behaupte, dass es vielen Unternehmen wirtschaftlich besser gehen würde, wenn sie ihre Mitarbeiter öfter nach ihrer Meinung befragen würden; es wäre für sie viel müheloser, leichter und mit viel weniger Energie verbunden, zu neuen Erkenntnissen oder neuen Produkten zu kommen. Denn letztlich kennt niemand seinen Arbeitsbereich besser als der jeweilige Mitarbeiter selbst. Ich gebe allerdings zu, dass es einer gewissen menschlichen Größe oder Reife der Führungskraft bedarf, anderen zuzugestehen, dass sie etwas besser können als sie selbst. Wir kommen darauf in einem späteren Kapitel noch einmal zurück, wenn es um die Entfaltung von Talenten im Unternehmen geht.

Dem Vorgesetzten kündigen

Der Vorgesetzte ist entscheidend

Die Wahrnehmungen und Sichtweisen von Mitarbeitern sind oft so anders, wie wir es uns als Führungskräfte vielleicht niemals ganz vorstellen können. Wussten Sie zum Beispiel, dass Mitarbeiter, die aus Frust kündigen, aus ihrer Sicht gar nicht das Unternehmen verlassen, sondern ihren Vorgesetzten? Gallup hat herausgefunden, dass der unmittelbare Vorgesetzte der entscheidende Faktor für die Sichtweise des Arbeitsplatzes ist. Fühlen sich Mitarbeiter durch ihren Vorgesetzten in ihrer Entfaltung oder Eigeninitiative blockiert, haben sie das Gefühl, dass andere ihre Lorbeeren ernten oder sie über- oder unterfordert sind, so haben sie nicht das ganze Unternehmen im Blick, sondern nur den Ausschnitt, die Abteilung oder den Bereich, in dem sie selbst arbeiten.

Besonders aufschlussreich ist dies für Großunternehmen: Sie besitzen in Wahrheit gar keine gemeinsame Unternehmenskultur, sondern haben so viele Kulturen, wie es Führungskräfte gibt. Was immer die Zentrale plant, die Unternehmenskultur auf der Einzelgeschäftsebene entpuppt sich als Eigenschöpfung der jeweiligen Führungskraft. Dabei können durchaus in ein und demselbem Unternehmen konträre Kulturen nebeneinanderher existieren: Manche können von Misstrauen oder Mobbing belastet sein, andere wiederum vital, lebendig und für Mitarbeiter attraktiv sein.

Es kommt darauf an, dass jede Führungskraft in ihrem Verantwortungsbereich für sich einen hohen Standard im Umgang mit ihren Mitarbeitern hält, und zwar unabhängig davon, wie es im übrigen Unternehmen aussehen mag.

Jeder Mensch lebt in seiner eigenen Wirklichkeit, seiner ganz persönlichen Realität. Eine gemeinsame Wirklichkeit können wir im Unternehmen nur durch Kommunikation erzeugen, indem wir miteinander sprechen. Erst dann stellen wir fest, dass wir im Grunde ganz verschiedene Sprachen sprechen, dass wir unterschiedliche Wahrnehmungen haben.

Die Sprache der Pferde

Merkwürdiger Zweibeiner mit seltsamer Sprache

So richtig klar geworden ist mir das – Sie erahnen es schon – im Umgang mit meinen Pferden. Menschen und Pferde, zwei völlig verschiedene Spezies, sprechen zwei Sprachen, die sich noch mehr voneinander unterscheiden als die zwischen zwei Menschen. Für die Pferde sprechen wir mit unserem ganzen Körper, auch mit unserem Unbewussten, aber im Grunde nicht mit unserem Mund. Beinahe in einer 360-Grad-Sicht nehmen Pferde, für uns nicht nachvollziehbar, alles wahr, was um sie herum vorgeht. Ein kleines Mädchen sagte einmal: »Das Pferd sieht mit seinen Ohren«. Pferde können tatsächlich auch Dinge wahrnehmen, die weit außerhalb ihres Blickfeldes vor ihren Augen liegen, die sogar hinter ihnen liegen, und ihre Ohren sind ein Indikator dafür, worauf sich ihre Aufmerksamkeit gerade richtet. Alles mitzubekommen, was sich in der Umgebung abspielt, ist nötig für das Überleben der Tiere in der freien Wildbahn. Denn Pferde müssen gegen überraschende Angriffe oder das Anschleichen von Raubtieren auch von hinten gewappnet sein. In ihrer eigenen sozialen Gemeinschaft, der Herde, ist jede noch so kleine Geste, jede kleine Bewegung eines ihrer Artgenossen eine Aussage, die ein entsprechendes Verhalten nach sich zieht.

Nun steht so eine arme Kreatur eines Tages einem Menschen gegenüber und soll das tun, was dieser Mensch von ihm verlangt; es soll stehen bleiben oder laufen, wahlweise im Schritt, Trab oder Galopp, es soll vorwärts, rückwärts oder seitwärts gehen und einen Menschen auf seinem Rücken (er-)tragen. Das Pferd liest auf seine eigene instinktive Art unsere menschliche Körpersprache und verhält sich dementsprechend, sehr häufig aber nicht so, wie wir Menschen es gerne hätten. Die menschliche Körpersprache ist für das Pferd manchmal ein großes Rätselraten: »Was will dieser komische Zweibeiner da von mir?«

Leider kommt es dabei häufig zu einer babylonischen Sprachverwirrung, denn wenn wir mit den Pferden sprechen, wissen wir oft gar nicht, was wir – aus ihrer Sicht gesehen – mit unserem Körper sagen und wie unser Unbewusstes aus uns spricht. Pferde beobachten sehr, sehr genau und unauffällig. Es ist den meisten Pferdebesitzern und -haltern wahrscheinlich gar nicht bewusst, wie sehr sie unter Beobachtung stehen, wie genau sie tagtäglich »gelesen« werden. Wenn ihnen ihre Gedanken schon voraus sind, sprechen sie – spätestens sobald sie im Blickkontakt mit ihrem Pferd sind – Bände für ihren Vierbeiner. Körperhaltung, Bewegung und Ausstrahlung sagen dem Tier ganz genau, was gerade im Menschen vorgeht. Im Grunde stehen wir Zweibeiner »nackt« vor den Pferden, wie ein offenes Buch, eine frei gelegte Lebensgeschichte.

Wenn wir mit den Pferden umgehen, verlangen wir von ihnen Dinge, die für sie eigentlich unnatürlich oder bedrohlich sind, die sie von sich aus in ihrer Herdengemeinschaft niemals tun würden. Beim Satteln etwa glaubt ein Pferd, es werde von einem Raubtier angegriffen; anschließend soll es dann auch noch den zweibeinigen Tiger auf seinem Rücken durch die Gegend schleppen.

Wir Menschen sind die überlegenere Spezies. Von daher sollte es eigentlich selbstverständlich sein, dass wir die Sprache der Pferde erlernen und nicht umgekehrt. Doch so einfach das klingt, so weit ist die Menschheit in den vergangenen Jahrhunderten und zum Teil auch noch heute davon entfernt. Ich selbst habe mehrere Jahre gebraucht, bis ich kapiert hatte, dass *ich meine* Sprache ändern und an die Tiere anpassen musste und nicht die Pferde ihre.

Immer wenn Menschen die Sprache des Pferdes nicht verstehen, reicht die Skala ihrer Reaktionen darauf von Enttäuschung, über mehr oder weniger starken Druck bis zu ernsthafter Verletzung oder Misshandlung, um die Tiere gefügig zu machen. Viele arme unschuldige Kreaturen sind beim Schlachter gelandet, nicht etwa weil sie unfähig gewesen wären, das zu tun, was man von ihnen verlangte, sondern weil ihre menschlichen Besitzer nicht mit ihnen klarkamen. Unfähig waren allein die Menschen, die Sprache der Tiere zu sprechen, denn die Pferde können nur entsprechend ihrem Instinkt auf den Menschen reagieren. Ein anderes »Programm« können sie im Gegensatz zum Menschen nur in geringem Umfang erlernen. Der falsche Umgang mit den Tieren hat viel unnötiges Leid über sie gebracht – und tut es auch heute noch manchmal –, besonders wenn Gewalt dabei im Spiel ist.

Hat jemand Probleme mit seinem Pferd, so geben andere Zweibeiner gerne den gut gemeinten Rat: »Du musst dich mal richtig durchsetzen! Lass dir nicht alles gefallen!« Das ist oft der Anfang dessen, dass auf das Pferd zuerst ein nur sanfter, dann – falls das Tier nicht folgt – immer stärker werdender Druck ausgeübt wird, der schließlich bis zur nackten Gewalt eskalieren kann, sofern der Besitzer sein Tier nicht vorher verkauft. Vielen Reitern ist nicht bewusst, dass sie das Vertrauen ihres Tieres aufs Spiel setzen, wenn sie es mit Gerte, Sporen und scharfen Gebissen traktieren. Bei dieser Art von »Druck« ist das Gefühl längst auf der Strecke geblieben. Denn wo man sich durchsetzen muss, ist Widerstand schon zur Gewohnheit geworden. Pferde haben zwar ein kleines Hirn, aber ein riesengroßes Herz, deshalb muss man sie so behandeln, dass sie menschliche Botschaften verstehen.

Druck machen

Die Kraft eines Pferdes ist um ein Vielfaches größer als die eines Menschen. Mit seinen 600 Kilogramm Lebendgewicht kann es mit einem Tritt einen Menschen – und auch seine Artgenossen – leicht umwerfen oder lebensgefährlich verletzen. In dem ungleichen Kräftegewicht zwischen Pferd und Mensch versuchte der Mensch von jeher, sich einen Vorteil zu verschaffen, damit das Tier in der gewünschten Weise reagierte. Der menschliche Verstand hat sich vielfältige Hilfsmittel ausgedacht, um das Tier zu besiegen, noch bevor es überhaupt aufmucken konnte. Ziel war es, dem Pferd den Willen zu brechen und es so zu einem gefügigen Diener zu machen, dessen Kraft und Schnelligkeit man für eigene Zwecke einsetzen konnte.

Gewalt gegen Pferde

An seiner artgemäßen Flucht bzw. am Weglaufen hinderte man es durch immer kleinere Umzäumungen, die Bewegungen nach vorne unmöglich machen. Es blieb dann nur noch die Flucht nach oben oder unten, was bei Pferden bedeutet, dass sie buckeln oder sich hinwerfen. Ganz schlimm wurde es, wenn man die Tiere fesselte, zu Boden warf oder in Zwangskäfige steckte.

War erst einmal der Wille gebrochen, so setzte man weitere Hilfsmittel ein, und zwar insbesondere dort, wo das Tier sehr fühlsam ist, also im Mund oder auf der Haut, um den Hals oder an der Nase. Häufig wurden alle »Hilfsmittel« – hauchdünne schmerzende Trensen, Sporen, Peitsche usw. – gleichzeitig eingesetzt. Im Grunde eine unerträgliche Tortur, um ein Tier gefügig zu machen! Doch das Pferd konnte ja nicht mit Worten um Hilfe schreien, konnte sich nicht wehren. So fügte es sich in sein trauriges Schicksal. Dabei hätte man es auf andere, liebevollere Weise genauso dazu bringen können zu folgen.

Soziales Leben in der Herde

Im Grunde sind Pferde nämlich von Natur aus sehr kooperative, soziale und folgsame Tiere, denn das ist der Kernpunkt ihres Lebens in der Herde. Der Grund, weshalb sie – auch ohne menschliche Einmischung – 50 Millionen Jahre überlebt haben, ist der, dass sie gelernt haben, miteinander auszukommen und sich aufeinander zu verlassen. Die Gemeinschaft der Herde gibt ihnen Sicherheit und Schutz; als Einzelkämpfer könnten sie in der freien Wildbahn gegen Raubtiere sonst nicht überleben. Die einzige »Waffe«, die ihnen gegen Angreifer zur Verfügung steht, ist die Flucht.

Pferd mit Charisma

In der Pferdegemeinschaft existiert eine Hierarchie. In jeder Herde gibt es eine Leitstute und/oder einen Leithengst, der oder dem die anderen folgen. Entgegen weit verbreiteter Ansicht sind Leitstuten nicht unbedingt körperlich stärker als die anderen Tiere; oft sind sie sogar eher schmächtige Tiere. Aber für ihre Artgenossen haben sie offenbar »das gewisse Etwas«, das ihnen eine innere Stärke verleiht, die es weitgehend überflüssig macht, ihre Körperkraft einzusetzen. Mit anderen Worten: Sie strahlen eine natürliche Autorität aus, sie haben das, was wir *Charisma* nennen, auch wenn es für uns Menschen oft nicht nachvollziehbar ist, warum gerade dieses oder jenes Pferd von seinen Artgenossen zum Leittier auserwählt wurde. In Rangordnungskämpfen testen die Tiere dann und wann untereinander aus, ob der Boss auch wirklich noch der Boss ist oder ob ein anderes

Tier die Führung übernehmen soll. Wer die Führung hat, dem folgen die anderen loyal.

Wie bringt man nun ein Pferd dazu, das zu tun, was man möchte? Unter Pferden gibt es ein Gesetz, von dem ich behaupte, dass es genauso auf Mitarbeiter zutrifft: Wer den anderen bewegt, ist der Boss. Wir können auch sagen: Wer den anderen motiviert (lat. movere = bewegen), ist der Boss.

Ich muss also zusehen, dass ich das Tier bewege, und zwar in der von mir gewünschten Weise. Das setzt voraus, dass ich die Sprache des Pferdes spreche und nicht vom Pferd verlange, dass es meine Sprache lernt bzw. meine Wahrnehmungsperspektive übernimmt. Seitdem ich gelernt habe, meine Körpersprache so zu steuern, dass sie von den Tieren verstanden wird, habe ich *Respekt* von ihnen bekommen. Sie folgen mir, und zwar ohne dass ich Druck ausübe oder gar Gewalt anwenden muss. Ich komme heute bei der Führung der Tiere mit sehr wenig Energie aus; meist genügen schon kleinste Gesten und Bewegungen, damit die Pferde folgen. Und wenn es trotzdem mal nicht klappt, dann bin ich bereit, von den Tieren zu lernen.

Folgen heißt nicht nachlaufen

Druck und Gewalt gegen Mitarbeiter

Warum erzähle ich so ausführlich von den Pferden? Weil sich bei fast allem, was ich auf den vergangenen Seiten beschrieben habe, das Wort »Pferd« überall problemlos durch das Wort »Mitarbeiter« ersetzen lässt!

- Sind nicht auch Menschen »soziale Herdentiere«, die vorwiegend in der Gemeinschaft mit anderen leben und sich immer danach umschauen, wer so viel natürliche Autorität ausstrahlt, dass man ihn als Führer akzeptieren kann?

- Ist es nicht so, dass Führungskräfte vielfach Probleme haben, ihre Mitarbeiter dazu zu bewegen, das zu tun, was sie von ihnen wollen?

- Liegt es nicht häufig daran, dass Führungskräfte eine andere Sprache sprechen als ihre Mitarbeiter und diese sie schlichtweg nicht verstehen? Und dass eigentlich die Führungskräfte als die Überlegeneren die Sprache ihrer Mitarbeiter erlernen sollten anstatt umgekehrt?

- Ist es nicht so, dass wir von Mitarbeitern oft Dinge verlangen, die ihre natürlichen Grenzen überschreiten?

- Ist es nicht so, dass vielen Führungskräften nach einer Weile erfolgloser Führung der Kragen platzt und sie nach dem Motto »Jetzt muss ich mich aber richtig durchsetzen, schließlich kann ich mir nicht alles bieten lassen« anfangen, Druck auszuüben?

- Ist es nicht so, dass der Druck oft immer weiter verstärkt wird, ohne dass sich am Verhalten der Mitarbeiter irgendetwas ändert?

- Und wird nicht sogar – wenn man sich das im vergangenen Kapitel beschriebene Verhalten der Unternehmen anschaut – der Druck bis zur Ausübung von Gewalt gesteigert?

Der geschundene Mitarbeiter

»Gewalt ist die letzte Zuflucht der Inkompetenten.«
(Isaac Asimov)

Die auf Mitarbeiter ausgeübte Gewalt ist zwar nicht physischer, aber verbaler oder nonverbaler Natur. Es wird mit Druck, Drohungen und Angst gearbeitet. Unerträglich ist zum Beispiel der fast permanente Erfolgsdruck, der von vielen Unternehmensleitungen ausgeht: Jahr für Jahr sollen die Umsätze und die Gewinne gesteigert werden, dauernd müssen die Renditen wachsen, soll das Wachstum oft unrealistischen Planzahlen folgen – dafür sollen alle ihr Bestes geben, obwohl sie angesichts von Gehalts- und Bonuskürzungen sowie Arbeitszeitverlängerungen nicht einmal etwas davon haben.

Man lässt die Mitarbeiter wissen: Wer sich nicht fügt, wer Widerstand gegen Anordnungen der Geschäftsleitung leistet, wer nicht mitzieht, wer nicht kostenlose Überstunden bis zum Abwinken macht und auf 30 Prozent seines Gehalts verzichtet, der darf damit rechnen, bei der nächsten Entlassungswelle dabei zu sein. Auch die Angst vor dem Verlust des Arbeitsplatzes ist zu einem sehr großen Unsicherheitsfaktor für die Menschen geworden; man lässt die Mitarbeiter bei jeder Gelegenheit wissen und fühlen: Stimmen die Umsätze nicht mehr, bricht die Auftragslage ein, so können sie umgehend mit ihrer Entlassung rechnen.

Mit solchen Drohungen und dem Schüren von Ängsten kann man sich Mitarbeiter zwar vorübergehend gefügig machen, aber das ist genauso weit entfernt von wirklicher Führung wie die Traktierung der Pferde mit schmerzhaften Mitteln. Das Verhalten der Mitarbeiter ist bei dieser Behandlung meilenweit von echter Gefolgschaft entfernt. Leichtigkeit und Harmonie stellen sich auf diese Weise nicht ein.

»Der Unterschied zwischen Fügsamkeit und Engagement ist der Unterschied zwischen der Entscheidung, nur so viel zu tun wie eben nötig, und der, so viel zu tun, dass man Hervorragendes leistet.«
(Monty Roberts, amerikanischer Pferdetrainer und Schriftsteller)

Das gilt für Pferde ganz genauso wie für Mitarbeiter. Führung setzt Folgen voraus, aber nicht blinde Gefolgschaft.

Drei Aspekte des Folgens

Wenn ich in meinen Führungsseminaren frage, was man unter »Folgen« versteht, dann kommt immer zuerst »Nachlaufen«. Dahinter steckt wohl eine in der Arbeitswelt über Jahrhunderte gefestigte, wenn auch falsche Vorstellung von Führen und Geführtwerden. Ebenso wie man einerseits Führen als »Vorneweglaufen« missversteht, wird andererseits Folgen als »Hinterherlaufen« fehlinterpretiert. Nachlaufen, hinterherlaufen – ist das wirklich die Art von Führung, die wir in den Unternehmen brauchen? Mitarbeiter als blinde, unmündige Trottel, die einfach nur einem Führer hinterherrennen?

Durch Weiterfragen und Diskutieren kommen wir dann in den Seminaren darauf, dass Folgen mehr als nur Nachlaufen ist.

Folgen hat drei wesentliche Aspekte:

- Geistige Gefolgschaft: Der Geführte versteht, was die Führungskraft von ihm will.
- Emotionale Gefolgschaft: Der Geführte sagt innerlich Ja zu dem, was man von ihm will.
- Körperliche Gefolgschaft: Der Geführte tut auch, was die Führungskraft von ihm möchte, er setzt sich in Bewegung.

Planungsriesen und Umsetzungszwerge

Echte Gefolgschaft setzt alle drei Aspekte voraus. In vielen Unternehmen bleibt man häufig bei geistiger Gefolgschaft stehen und wundert sich dann, dass die Firma zwar ein Planungsriese, zugleich aber ein Umsetzungszwerg ist. »Ja, Chef, wir haben verstanden, was du von uns willst – aber [unausgesprochener Nachsatz:] wir tun es nicht, weil wir im Grunde gefühlsmäßig nicht damit einverstanden sind.« Die echte Gefolgschaft bleibt aus, weil es an einer echten Führung gefehlt hat.

Folgen die Mitarbeiter im Unternehmen hingegen auf der geistigen, emotionalen und körperlichen Ebene, bekomme ich als Führungskraft 100 Prozent Leistungsbereitschaft und 100 Prozent Einsatz. Diese volle Leistungsbereitschaft kann ich nicht erzwingen, indem ich zum Beispiel Druck ausübe, Ängste schüre oder drohe.

Volle Leistungsbereitschaft

An der Freiheit des anderen kommt niemand vorbei – es sei denn, er bezahlt einen hohen Preis!

Ich kann einem Mitarbeiter – genauso wie einem Pferd – die allerbesten Leistungsmöglichkeiten schaffen. Aber ob er mir auch tatsächlich seine volle Leistungsbereitschaft zur Verfügung stellt, kann nur er selbst entscheiden, denn dies ist letztlich eine Sache von Freiwilligkeit.

Freiwilligkeit hat bei uns im Unternehmen einen hohen Stellenwert. Das geht so weit, dass wir jemanden auch dann nicht festhalten, wenn er vertraglich an uns gebunden ist. Wir hatten einmal den Fall, dass wir den Sohn eines konkurrierenden Ingenieurbüros bei uns eingestellt und mit ihm vertraglich vereinbart haben, dass er fünf Jahre bei uns bleibt, weil er bei uns eine intensive Phase der Einarbeitung und Ausbildung durchlaufen sollte, wir aber andererseits auch einen Nutzen davon haben wollten. Doch bereits nach anderthalb Jahren wollte der Mitarbeiter ins Büro seines Vaters zurückkehren, weil er dort gebraucht wurde. Wir haben ihn daraufhin gehen lassen in dem Bewusstsein: Es nützt nichts, jemanden zu binden, wenn sein Geist und sein Herz woanders sind. Er würde niemals hundertprozentigen Einsatz einbringen und seine Zeit bei uns nur »absitzen«.

Da die Kollegen sich aber doch ein wenig geärgert haben, dass der junge Mann seine Zusage, fünf Jahre zu bleiben, nicht einhielt, haben sie sich einen kleinen Streich ausgedacht. Einer hat ihm eine »getürkte« Zeitungsanzeige auf den Tisch gelegt mit einem täuschend echten Text: »Unser Ingenieurbüro sucht einen neuen Mitarbeiter im Bereich XY. ... Wir hoffen nicht, dass Sie uns so jämmerlich im Stich lassen wie Ihr Vorgänger.« Der Mitarbeiter hat die Anzeige einen Tag lang für echt gehalten und war empört, bis er kapiert hatte, dass es sich um eine Ente handelte. Mit Humor lässt sich der eine oder andere

Zeitungsente

Frust eben besser abfedern als mit angeordneter Gefolgschaft, die dann doch keine echte ist.

Machtspielchen

Im Grunde sind die Zeiten vorbei, wo wir Mitarbeiter unterdrücken konnten, wo wir als Führungskräfte mit Machtspielchen unser Ego nähren konnten. Ein gedemütigter Mitarbeiter mag zwar an seinen Arbeitsplatz zurückkehren und scheinbar dem folgen, was von ihm verlangt wird, aber niemals mit Leib, Geist und Seele. Wer nur mit 30 Prozent folgt, wird zu 70 Prozent in eine freizeitorientierte Schonhaltung verfallen oder – wenn er die 45 überschritten hat – eine frührentnerorientierte Lauerstellung einnehmen. Auf jeden Fall müssen wir unseren Amtsmissbrauch als Führungskraft teuer bezahlen, in Form von Gehältern und wahrscheinlich auch in Form von Umsatzeinbußen. In Zahlen ausgedrückt kostet das ein Vermögen.

Wir können es uns nicht erlauben, 100 Prozent Gehalt zu bezahlen und nur 30 Prozent Leistung von unseren Mitarbeitern zu bekommen. Zumal in der heutigen Wirtschaftslage überleben wir nur mit Mitarbeitern, die

- verstehen, worum es geht,
- Ja sagen zu dem, was wir gemeinsam mit ihnen wollen, und
- tun, was getan werden muss.

Bei den Pferden gilt: Wer sie bewegt, der führt sie. Wenn Mitarbeiter sich nicht bewegen, wenn sie sich nicht »in Trab« setzen, dann werden sie nicht geführt. Und nur wenn diese Bewegung freiwillig erfolgt, steht dem Unternehmen das volle Leistungspotenzial zur Verfügung. Und nur dann kann ökonomisch mit minimalem Energieaufwand ein Maximum erreicht werden.

Qualitäten guter Führung

Führung besteht darin, eine (Bewegungs-)Richtung vorzugeben und den anderen zu veranlassen, sich auch tatsächlich in diese Richtung zu bewegen. Es genügt nicht, Dinge im Stile einer Anweisung »autoritär« vorzugeben, denn dann wird der Geführte zwar noch geistig, eventuell auch noch emotional, aber sicher nicht mehr körperlich folgen. Um ein guter Führer zu sein, bedarf es

- der Fähigkeit und Bereitschaft, Wirkung zu erzielen;
- der Fähigkeit und Bereitschaft zur Kommunikation;
- der Fähigkeit und Bereitschaft, dem anderen zuzuhören;
- der Fähigkeit und Bereitschaft zu vertrauen und Vertrauen zu erlangen (dazu Kapitel 6);
- der Fähigkeit und Bereitschaft, dem Wohle aller zu dienen.

Wirkung erzielen

Das bewusste Erzielen einer Wirkung ist wichtig. Wir wirken als Führungskraft immer, die Frage ist aber, wie. Wirke ich so, dass ich den anderen in die gewünschte Richtung bewege, oder »mauert« er? Wirke ich als Führungskraft so, dass es mühelos und mit spielerischer Leichtigkeit für alle Beteiligten läuft, oder so, dass es beschwerlich und mit hohen Reibungs- bzw. Energieverlusten für alle verbunden ist? Führen heißt immer, eine Wirkung zu erzielen. Die Frage ist, ob die erzielte der gewünschten Wirkung entspricht.

Bei Pferden können wir unsere Wirkung ganz unmittelbar wahrnehmen, weil sie uns direkt ein Feedback geben; deshalb sind sie auch gute »Trainer« für Führungskräfte. Pferde können nicht lügen, sie geben immer sofort eine Rückmeldung auf jede unserer Aktionen. So bekommt der Führer hautnah zu spüren, was er verursacht, welche Bewegung er erzeugt oder nicht erzeugt.

Die geheime Pferdebilanz

Bei Pferden – und meiner Ansicht nach auch bei Mitarbeitern – gibt es so etwas wie ein Punktekonto. Ein Pferd überlegt sich in jedem Augenblick neu, ob es dem Menschen, der es führen will, folgen kann oder nicht. Verlangt der Mensch etwas von ihm, das ihm unangenehm oder bedrohlich ist, das es noch nicht beherrscht oder dass ihm auf die falsche Weise vermittelt wird – zum Beispiel durch Druck oder Gewalt –, so reagiert es mit Flucht oder Gleichgültigkeit. Auf seinem geheimen Punktekonto, das im Grunde ein Beziehungskonto ist, schreibt es sich nun selbst einen Punkt auf der Habenseite gut, während es gleichzeitig seinem menschlichen Führer einen Punkt abzieht. Jedes Mal, wenn das Pferd dem Menschen einen Minuspunkt erteilt, heißt das im Klartext: »Du bist nicht mein Führer. Du hast mich nicht (richtig) geführt.« Oder: »Du hast keine (bzw. nicht die von dir beabsichtigte) Wirkung erzielt.«

Dieser Punktabzug gilt aber nur für den Moment, denn Pferde leben im Hier und Jetzt: Sie entscheiden in jedem Augenblick und bei jeder menschlichen Aktion wieder neu, ob sie folgen wollen – und ein Augenblick ist, wie Pat Parelli, der amerikanische Horseman sagt, vier Mal pro Sekunde für ein Pferd. Bei der nächsten Aktion, die der Mensch durchführt, um das Tier zu bewegen, entscheidet es wieder neu und unabhängig von dem, was einen Augenblick zuvor gewesen ist. Das ist ja das Schöne daran: Pferde sind nicht nachtragend, sondern im Grunde sehr kooperativ, darum auch ideale Trainingspartner.

Chef, Raubtier, Freund oder Trottel

Je nach Wirkung des Menschen auf das Pferd sieht es in ihm den anständigen Chef, den verlässlichen Freund, das brutale Raubtier oder den dummen Trottel. Chef und Freund konnten über längere Zeit beträchtliche Pluspunkte auf ihrem Konto sammeln, Raubtier und Trottel haben dagegen ein stattliches Minuskonto aufgebaut.

Ab und zu wird Kassensturz gemacht: Hat der menschliche Führer zu viele Minuspunkte angesammelt, so betrachtet ihn das Pferd als Bankrotteur und bringt ihm keinen Respekt mehr entgegen. Wird ein Tier sehr lange falsch behandelt und schlecht geführt, meist von einem zweibeinigen Raubtier, so wird es »neurotisch« und lässt sich gar nicht mehr oder nur noch mit sehr viel Zuwendung, Geduld und Liebe führen.

Im Grunde wollen Pferde von Menschen geführt werden. Denn heute, wo sie nicht mehr in freier Wildbahn leben können, sind sie darauf angewiesen, dass Menschen ihnen das zur Verfügung stellen, was sie außer Sozialkontakten zu ihren Artgenossen für ihr Leben brauchen: Sicherheit und Nahrung. Verweigern wir den Tieren die Führung, stürzen wir sie in einen psychischen Konflikt. Denn dann müssen sie selbst die Führung und damit auch die Verantwortung für ihr Überleben übernehmen, ohne dafür wirklich disponiert zu sein. Wir werden es nicht mehr erleben, dass Pferde beim Futtermittelhersteller anrufen und Hafer bestellen oder dass sie die

Straßenverkehrsordnung lernen. Allein für die psychische Zufriedenheit der Tiere ist es notwendig, dass wir sie führen. Erst dann können sie physisch zur Ruhe kommen und zu innerer Stabilität wie Ausgeglichenheit finden.

Bei Mitarbeitern im Unternehmen ist es ganz ähnlich. Auch sie führen eine Art Beziehungskonto und prüfen bei jeder Aktion ihrer Vorgesetzten, ob es sich für sie lohnt zu folgen oder nicht. Verlangt die Führungskraft zum Beispiel ständig, dass Mitarbeiter ihre Grenzen überschreiten, wird Druck oder Gewalt ausgeübt, werden permanent Ängste geschürt, oder wird der Mitarbeiter gar nicht wahrgenommen, so erhöhen sich die Minuspunkte auf dem Konto des Vorgesetzten. Der einzige Unterschied ist der, dass Mitarbeiter nicht in jedem Augenblick neu entscheiden, wie sie reagieren wollen. Meist leben wir Menschen nicht so sehr im Hier und Jetzt wie die Tiere, sondern sind eher vergangenheitsorientiert. Hat ein Mitarbeiter einen Vorgesetzten erst einmal als Trottel oder Raubtier identifiziert, so ist eine Änderung seines Verhaltens nicht mehr so schnell zu erwarten wie bei einem Pferd.

Das menschliche Beziehungskonto

Während das Pferd als Fluchttier vor ungeeigneten Führern wegläuft oder es zumindest versucht, reagieren Menschen auf schlechte Führung mit innerer Kündigung, mit einer Art Duldungsstarre oder mit freizeitorientierter Schonhaltung.

Auch Mitarbeiter wollen im Grunde geführt werden, weil der Arbeitsplatz ihnen Sicherheit und Nahrung – sprich: ein geregeltes Einkommen – garantiert. Viele Arbeitnehmer sehen die Selbstständigkeit nicht als eine wirkliche Alternative zur Angestelltentätigkeit an; es würde sie in einen psychischen Konflikt stürzen, wenn sie von heute auf morgen auf ihr festes Gehalt verzichten müssten und arbeitslos würden bzw. für sich selbst sorgen müssten. Das Gefühl, dass ihr Gehalt sicher ist, vermittelt ihnen die nötige innere Stabilität und Ausgeglichenheit. Das wiederum ist notwendig, um auf allen drei Ebenen folgen zu können und sich mit 100 Prozent Leistung voll einzubringen.

Sicherheit des Arbeitsplatzes

Der Arbeitsplatz hat meiner Beobachtung nach in den letzten zwei bis drei Jahren einen höheren Stellenwert erhalten, als er es früher hatte. Es ist für viele Arbeitnehmer heute nicht mehr selbstverständlich, einen Arbeitsplatz zu haben. Die Angst vor Entlassungen hat weit um sich gegriffen. Weil wir das wissen und weil wir möchten, dass unsere Mitarbeiter in der Firma nicht in Angst und Panik geraten, ist es bei uns üblich geworden, dass wir jedes Jahr auf der Weihnachtsfeier unseren Mitarbeitern das begründete Gefühl vermitteln: Die Auftragslage ist gesichert und die Arbeitsplätze sind ebenfalls sicher. Das gibt den Mitarbeitern die notwendige Gelassenheit, um ausgeglichen ins neue Jahr starten zu können. Mitarbeiter brauchen nicht jede Umsatzschwankung mitzubekommen, das würde insbesondere in der heutigen Zeit bei ihnen nur Angst oder Stress auslösen. Wir vermitteln unseren Mitarbeitern das Gefühl, dass wir, die Chefs, uns um die Aufträge kümmern, obwohl natürlich auch durch gute Kontakte der Mitarbeiter mit den Kunden durchaus Aufträge »wie von selbst« erwachsen. Denn das ist wirklich Sache der Unternehmensführung und nicht etwa, wie manche Firmen ihren Mitarbeitern suggerieren, Sache der Mitarbeiter.

Join-Up

Echte Gefolgschaft auf geistiger, emotionaler und körperlicher Ebene ist ein Geschenk. Ein Geschenk, das mir im Augenblick von meinem Mitarbeiter gemacht wird. Geschenke basieren immer auf Freiwilligkeit. Man kann sie nicht verlangen, und man kann sie nicht »auf Befehl« bekommen. Man kann um ein Geschenk bitten, aber man kann es sich nicht einfach nehmen. Der Mitarbeiter muss immer die Wahl haben, ob er kooperieren will oder nicht.

Ein Geschenk

Ein Geschenk ist eine Gabe. Meist wird einem dann etwas gegeben, wenn man zuvor auch selbst etwas gegeben hat. Mitarbeitern gibt man als Führungskraft etwas,

- indem man ihnen einen Arbeitsplatz verschafft,
- indem man ihnen erlaubt, sich dort zu entfalten und ihre Fähigkeiten einzubringen,
- indem man sie als Menschen wahrnimmt und respektiert,
- indem man ihre Bedürfnisse achtet,
- indem man ihnen vertraut und

- indem man sie fair behandelt –
- mit einem Wort: indem man sie führt.

Meiner Ansicht nach fehlt in den meisten Firmen heute das Gefühl dafür, dass es ein Geschenk ist, wenn Mitarbeiter sich ins Unternehmen einbringen. Es fehlt an Dankbarkeit gegenüber dem, was die Mitarbeiter leisten. Es fehlt das Bewusstsein, dass ein Unternehmen wie ein Baum ist: Auch die starken Äste können nicht gut arbeiten, wenn die Wurzeln krank sind.

Zu sehr wird als »selbstverständlich« erachtet, dass Mitarbeiter sich engagieren. Vielmehr wird umgekehrt so getan, als ob schon die bloße Tatsache, dass man dem Betreffenden einen Arbeitsplatz gibt, jede Art von Behandlung rechtfertigt und ausreicht, um alles von ihm zu verlangen. Dieses Missverhältnis zwischen Geben und Nehmen schlägt sich auf den Konten nieder – auf den Beziehungskonten ebenso wie auf den Bilanzkonten.

Die Vertrauensfrage stellen

Schließt sich ein Pferd einem Menschen freiwillig an, folgt es ihm freiwillig, so bezeichnet man dies in der Fachsprache als Join-Up, ein von Monty Roberts eingeführter Begriff. Es gibt eine Methode, um festzustellen, wie hoch der Grad des Join-Up bei einem Pferd ist: Hat das Tier schon eine Weile für den Menschen im Roundpen »gearbeitet« – indem es zum Beispiel in verschiedenen Geschwindigkeiten gelaufen ist oder die Richtung gewechselt hat –, so dreht sich der Führer, der sonst immer in der Mitte des Roundpens steht, unerwartet weg vom Pferd, kehrt dem Tier den Rücken zu und entfernt sich langsam aus der Mitte in Richtung Randumzäunung, ohne sich umzudrehen. Bei eindeutiger Vorbereitung wird das Tier daraufhin in seiner Bewegung zuerst anhalten und dann langsam hinter seinem Führer, den es nur von hinten sieht, hinterhergehen. Dies zeigt, dass das Tier seinem Führer hochgradig vertraut. Daher sprechen wir auch davon, dem Pferd »die Vertrauensfrage zu stellen«.

Ist das Verhältnis zwischen Führer und Geführtem noch nicht sehr gefestigt oder sogar brüchig, wird das Pferd in einer solchen Situation dem Menschen nicht folgen. Es wird einfach stehen bleiben und abwarten, was passiert.

Die Cherokee-Indianer haben diese Methode verwendet, um Wildpferde einzufangen. Sie hatten das Problem, überhaupt auf Lassodistanz an die Tiere heranzukommen. Deshalb gingen sie mit psychologischem Geschick vor: Sie zogen zunächst einfach eine Weile hinter einer Pferdeherde her, ohne irgendetwas anderes zu tun, das heißt, sie trieben die Pferde nicht etwa vorwärts, sondern folgten ihnen einfach in gemäßigtem Tempo.

Cherokee-Pferde

Der Trick bestand darin, zu einem gewissen Zeitpunkt plötzlich kehrtzumachen und in der Gegenrichtung davonzugehen, die Herde also sich selbst zu überlassen. Und dann geschah etwas ganz Überraschendes: Die Wildpferde drehten von sich ebenfalls um und folgten den Indianern, und zwar gleich in die vorbereiteten Umzäunungen.

In der Komplexitätstheorie der modernen Naturwissenschaft bezeichnet man so etwas als »Musterunterbrechung«: Ein erwartetes Verhaltensmuster wird plötzlich unterbrochen und durch ein vollkommen anderes Verhalten ersetzt. Dies führt zu einer »Wende« in der gesamten Situation, so dass ein völlig neues, anderes Verhaltensmuster entstehen kann.

Musterunterbrechung

Gibt es so etwas auch bei Mitarbeitern? Ja, aber meist nicht in solch spektakulärer Form wie bei den Tieren. Ist das Verhältnis zwischen Führungskräften und Mitarbeitern gefestigt, so kann die Führungskraft darauf bauen, dass die Mitarbeiter sich auch dann engagieren, wenn sie ihnen den »Rücken zudreht«, wenn sie also nicht anwesend ist. Bei einem solchen Join-Up sind dann umfangreiche Kontrollszenarien – Überwachung von Telefonen, E-Mail-Verkehr usw. – garantiert nicht notwendig. Der Mitarbeiter managt eigenverantwortlich seinen Arbeitsbereich, ohne dass ihm dauernd jemand über die Schulter schauen muss, ob er auch voll bei der Sache ist.

Außerdem wird der Mitarbeiter sich auch dann einbringen, wenn die Führungskraft etwas von ihm verlangt, dessen Sinn er nicht versteht oder das er nicht nachvollziehen kann; er wird also neuen Wegen keinen Widerstand entgegensetzen. Zum Beispiel möchte ein Kunde mehrere technische Varianten zur Realisierung eines Projekts. Der erfahrene Ingenieur weiß genau, dass nur eine Variante technisch sinnvoll ist und am Ende auch nur eine gebaut werden wird, alle übrigen also im Prinzip nur aus Laien- oder Kundensicht »möglich« sind. Trotzdem wird der Mitarbeiter bereitwillig mehrere entwerfen, wenn die Führungskraft ihn darum bittet, weil er ihr vertraut, dass sie den Überblick hat. Generell haben Mitarbeiter, die im Join-Up ihren Führungskräften folgen, eine höhere Bereitschaft, sich auf Ungewohntes, Neues oder aus ihrer Sicht sogar Sinnloses einzulassen.

Wir müssen als Führungskräfte dahin gelangen, dass unsere Mitarbeiter uns im Join-Up freiwillig folgen.

Dabei ist die Steuerung unserer Gedanken ein ganz wesentliches Mittel.

3.
Gedanken sind die entscheidende Unternehmenskraft

Gedanken erzeugen Wirkungen

Mitte der 80er Jahre hatten wir schon einmal eine Krise im Baugewerbe. Damals war ich gerade nach Abschluss meines Studiums als Juniorchef in das kleine Ingenieurbüro meines Vaters eingestiegen. Die Baukrise vermittelte vielen Unternehmern und Arbeitskräften den Eindruck, es sei in unserer Branche kein Geld mehr zu verdienen. Überall wurden finanzielle Engpässe gesehen. So kam es, dass einer unserer Hauptkunden, vertreten durch einen Baudirektor, der damals doppelt so alt war wie ich, versuchte, unsere Preise zu drücken.

Nicht genug, dass wir alle schon den Geldmangel spürten, nein, jetzt sollten wir auch noch von den schon längst ausgehandelten Prozentsätzen Abstriche machen – und das, obwohl unsere Honorare ja schon an die drastisch abgestürzten Baupreise angeglichen und nach unten korrigiert worden waren. Meine Gedanken verdüsterten sich zusehens, und meine Stimmung sank in den Keller. »Wie soll das bloß weitergehen?«, fragte ich mich. »Wie soll ich diese Firma bloß führen, wenn die Krise sich noch weiter verschlimmert?«

Depri-Stimmung

Unserem Hauptkunden – und wahrscheinlich auch noch anderen Kunden – zeigte ich bei jeder Gelegenheit, wie traurig, niederschlagen und depressiv mich die ganze Situation machte. Mein Gesichtsausdruck, meine Körperhaltung, meine Ausstrahlung, meine Worte – alles sagte ihm, wie sehr er mich beleidigte.

Dem Leben sei Dank, dass unser Hauptkunde nicht sofort die Verhandlungen und Beziehungen zu unserer Firma abgebrochen hat! Dieser eine Kunde brachte uns 60 Prozent unseres Umsatzes; wäre er abgesprungen, so wären wir in der Wüste vertrocknet. Aber meine schlechte Stimmung und meine dunklen Gedanken waren ihm natürlich aufgefallen. So kam es, dass er eines Tages zu einem

Pferdeflüstern. Bernd Osterhammel

ISBN: 3-527-50195-9

Depri-Stimmung wirkt nach Innen und Außen

Fröhliche Stimmung wirkt nach Innen und Außen

unserer Mitarbeiter sagte: »Also, die Depri-Stimmung von dem jungen Osterhammel, die kann ich wirklich nicht gebrauchen.«

Natürlich erzählte mir der Mitarbeiter das weiter, und ich bekam nicht nur einen roten Kopf und rote Ohren, sondern das Erlebnis wurde zu einem echten Wendepunkt in meinem Leben. Die Aussage des Baudirektors konnte ich körperlich, seelisch und geistig spüren.

Beinahe hätte ich unbeabsichtigt eine völlig falsche Bewegung erzeugt, nämlich die Bewegung des Kunden von uns weg und auf die Konkurrenz zu. Meine eigenen dunklen Gedanken waren von mir in die Firma und von dort zum Kunden gewandert. Beinahe wären sie dann auch noch wieder zurück zu mir gewandert, und zwar auf mein Konto.

Bewegung in die falsche Richtung

Immer wenn ich mich über längere Zeit schlechten, dunklen, traurigen, destruktiven Gedanken hingebe, finde ich sie nach wenigen Tagen in meiner Familie, nach einer Woche in unserer Firma, nach zwei Wochen bei unseren Kunden und nach zwei Monaten auf unseren Konten wieder. Da kann ich sie nicht gebrauchen.

Die Pferde sagen: »Du wirkst immer, die Frage ist wie. Du erzeugst immer eine Bewegung, die Frage ist in welche Richtung.«

Beinahe hätte ich damals im Ingenieurbüro »die Pferde scheu« gemacht, und es stand kurz davor, dass sie »durchgingen«. Das konnte ich gerade noch verhindern, denn seit jenem für mich denkwürdigen Tag habe ich mich radikal gewandelt. Wenn ich heute zum Kunden gehe, strahle ich Lebensfreude aus.

Es beginnt damit, dass ich ein Liedchen pfeife, wenn ich aus dem Auto steige und das Haus des Kunden betrete. Auch wenn ich schlecht drauf bin, ist spätestens im Treppenhaus eine fröhliche Melodie Wirklichkeit geworden. Was glauben Sie, wem Kunden bevorzugt Aufträge erteilen, wenn sie die Wahl haben: jemandem, der eine schlechte Stimmung verbreitet, oder jemandem, der den Sonnenschein mitbringt und mit leuchtenden Augen hereinkommt? Und für wen arbeiten Mitarbeiter lieber, besser und engagierter: für einen Chef, der die Weltwirtschaftskrise auf seinen Schultern trägt, oder für einen, der Zuversicht ausstrahlt?

Die Weltwirtschaftskrise auf den Schultern

Die Saat der Gedanken

Gedanken sind Kräfte, die die Tendenz haben, sich zu realisieren. Und nach dem Energieerhaltungssatz, das alle in den Kosmos ausgesandten Energien niemals verloren gehen können, können auch Gedanken niemals verloren gehen. Was passiert dann mit ihnen? Sie werden über die Reaktion umgewandelt und kehren zu ihrem Schöpfer zurück. Sie realisieren sich materiell, in letzter Konsequenz dann auf dem Konto.

In unserer derzeitigen Unternehmenswelt ist das Bewusstsein der Kraft, die Gedanken haben, noch recht unterentwickelt. Wir sehen das an den im ersten Kapitel gebrachten Beispielen: Es wird von außen nach innen agiert anstatt von innen nach außen. Man glaubt, wenn der Kontostand stimmt, dann erst darf oder kann auch die Unternehmenskultur stimmen. Wir haben jedoch schon an den zu Anfang erwähnten wissenschaftlichen Studien von Hewitt Associates und Gallup gesehen, dass es umgekehrt funktioniert: Ist die Unternehmenskultur gut, sind die Mitarbeiter engagiert – stimmt es also auf der geistigen Seite, dann ist die Firma auch wirtschaftlich und materiell erfolgreich. Der Geist, die Gedanken bewegen die Materie, nicht umgekehrt.

Säen und Ernten

Jeder Gedanke ist eine Saat, die irgendwann aufgeht. Schauen wir uns an, was momentan in der Wirtschaftswelt gesät wird, so brauchen wir uns nicht mehr über den derzeitigen Zustand in Deutschland zu wundern. Worauf richtet sich die allgemeine Aufmerksamkeit der Unternehmenslenker, der Medien und der Politiker?

- Auf den Verlust der Arbeitsplätze,
- auf die fehlende Finanzkraft und die wachsenden Schulden bei den Unternehmen wie auch bei der öffentlichen Hand,
- auf zu hohe Kosten,
- auf den Mangel an Aufträgen und Kunden bei den Unternehmen,
- auf den Rückgang der Konjunktur,
- auf die Konsumzurückhaltung und das »Angstsparen« der meisten Bürger,
- auf die Fehler der anderen.

Es wird überall Mangel gesät, und es wird dementsprechend auch überall Mangel geerntet:

- Die Zahl der Arbeitsplätze ist schon seit Mitte der 70er Jahre rückläufig,
- die Steuern und Abgaben sind immer weiter gestiegen, trotzdem sind die Schuldenberge gewachsen,
- die Kosten steigen weiter,
- seit vier bis fünf Jahren geht eine wachsende Anzahl von Unternehmen in den Konkurs oder meldet Insolvenz an,
- die Konjunktur will trotz aller Bemühungen nicht anspringen,
- die Habenzinsen sind auf dem niedrigsten Stand seit 50 Jahren, trotzdem sparen die Leute unvermindert weiter und konsumieren in allen Produktsparten immer weniger.

Die Richtung der Aufmerksamkeit

Alles, worauf wir unsere Aufmerksamkeit richten, wird stärker. Das gilt im Negativen wie im Positiven. Es ist, als ob die Aufmerksamkeit wie ein Brennglas wirkt, durch das sich die Wirkung des Gedachten verdichtet. Konzentrieren wir uns auf die Schwächen, so wachsen sie; konzentrieren wir uns hingegen auf die Stärken, so wachsen sie ebenfalls. Anstatt Mangel durch die Kraft der Gedanken zu erzeugen, können wir auch Fülle durch die Kraft der Gedanken erzeugen.

Wir haben in jedem Augenblick von neuem die Wahl, worauf wir uns konzentrieren, worauf wir unsere Aufmerksamkeit richten wollen: auf Erfolg, Wachstum, Stärken und Freude oder auf Mangel, Misserfolg, Schwächen und Krisen.

Ich habe durch mein damaliges Erlebnis mit dem Hauptkunden unseres Ingenieurbüros gelernt, mich nicht verrückt machen zu lassen von der allgemeinen negativen Krisenstimmung, sondern meine Gedanken in eine positive Richtung zu lenken. Das ist auch gut so. Wenn ich mich von der Krisenstimmung hätte anstecken lassen, so hätte ich – da bin ich sicher – unser Ingenieurbüro längst schließen müssen.

Denn schon seit 1994 ist die Baukonjunktur rückläufig. Die Krise, in der wir jetzt stecken, ist viel größer als diejenige, die ich seinerzeit in den 80er Jahren erlebte. Von 1994 bis 2003 hat sich allein das Volumen im Wohnungsbau mehr als halbiert, und die Baugenehmigungszahlen sind um zweistellige Prozentsätze zurückgegangen – Tendenz: weiter sinkend. Etwa 7000 bis 8000 Baufirmen müssen jährlich (!) schließen. Betroffen sind praktisch Unternehmen aller Sparten von der Baustoffproduktion bis zum kleinen Ingenieurbüro. Viele versuchen, ihre Haut über einen ruinösen Preiskampf zu retten, doch die Rechnung geht oft nicht auf. Die Honorare der HOAI, also die Honorarordnung für Architekten und Ingenieure, wird permanent unterschritten; eine staatliche Kontrolle gibt es nicht, obwohl die Honorare »gesetzlich vorgeschrieben« sind.

Situation der Baubranche

Und was ist seit 1994 im Ingenieurbüro Osterhammel passiert? Wir konnten unsere Umsätze verdreifachen und sind mittlerweile Marktführer in der oberbergischen Region. Unser ursprünglich kleines Büro mit nur vier Mitarbeitern im Jahre 1980 hat mittlerweile dreißig festangestellte Kräfte – ungewöhnlich genug, denn die meisten regional tätigen Ingenieurbüros sind selbst in guten Zeiten nur

Die Sende- und Empfangsstation zwischen den Ohren

Ein- bis Drei-Mann-Betriebe. Auch unsere Kunden drücken die Preise, und auch wir müssen mittlerweile an der Untergrenze der Honorare der HOAI arbeiten. Selbst als Marktführer können wir heute nicht mehr die Preise durchsetzen, die noch vor ein paar Jahren selbstverständlich waren; wir müssen heute 25 Prozent mehr arbeiten, um das gleiche Geld zu verdienen wie noch vor ein paar Jahren. Trotzdem konnten und können wir weiter wachsen. Es ist uns so gar in den Jahren 2002 bis 2004 gelungen, entgegen unseren Erwartungen unseren Umsatz bei konstanter Mitarbeiterzahl noch einmal um durchschnittlich 20 Prozent zu steigern. Das war nur möglich, weil unsere Mitarbeiter 20 Prozent mehr Einsatz gebracht haben.

Magnetisch für Aufträge

Verstehen Sie mich recht: Ich schreibe das nicht, um mit meiner Firma anzugeben oder mich als den »großen Champion« darzustellen. Es geht mir darum zu zeigen, wie groß die Macht der Gedanken ist, wie sehr wir den Erfolg oder Misserfolg unseres Tuns mit unseren Gedanken steuern. Ich richte meine Gedanken niemals auf den Mangel, auf die Wirtschaftskrise oder auf andere negative Dinge, sondern immer auf die Fülle und das Positive. Einer meiner wichtigsten Sätze lautet: »Meine Firma ist magnetisch für gute Aufträge, gute Kunden und hervorragende Mitarbeiter.« Auf diese Weise ist eine kerngesunde Firma entstanden, die auch ein Stück soziale Gesundheit in unserem System ist. Und ein gesundes Unternehmen drückt sich nicht nur im Kontostand aus (wir sind übrigens hundertprozentig eigenkapitalbasiert), sondern auch in Faktoren wie Lebensfreude, innerer Verbundenheit, Lebensqualität. Unser Leitbild, das wir in einem kleinen Kreis für unser Ingenieurbüro erarbeitet haben, lautet: »Wir sind ein Kraftzentrum aus Liebe, Motivation und Erfolg, voller Abenteuer und neuer Möglichkeiten.«

Jeder Mensch, der auf seinem Hals einen Kopf spazieren trägt und diesen ausreichend mit Blut und Sauerstoff versorgt, besitzt zwischen seinen Ohren eine extrem leistungsfähige Sende- und Empfangsstation. Was er damit macht, entscheidet er selbst.

Der Gedankenhebel bei den Mitarbeitern

Die Gedanken sind der Hebel, an dem jede Führungskraft ansetzen kann, um ihr Unternehmen oder ihren Bereich in Richtung Erfolg zu bewegen. Nicht das Umfeld, nicht die wirtschaftlichen Rahmenbedingungen, nicht das Konsumverhalten oder die finanzielle Situation müssen sich ändern – nein, jeder Einzelne hat die Chance, sich zu ändern. Es funktioniert von innen nach außen, von den Gedanken in Richtung Außenwelt, nicht umgekehrt.

Eine Führungskraft, der es gelingt, ihre Gedanken in eine klare Richtung zu lenken und ihre Gedankenkraft zu fokussieren, erleichtert sich selbst wie auch ihren Mitarbeitern das Leben. Führen

Zerstreute Gedanken lassen das Unternehmensschiff stocken

heißt vorleben. Es sind heute viele Mitarbeiter innerlich zerrissen von unterschiedlichen Wünschen, Antrieben, Zweifeln und Ängsten, oft genährt von der negativen Stimmung in den Medien und der Gesellschaft. Wenn man als Chef seine Gedanken konzentriert, wirken auch die Gedanken der Mitarbeiter konzentrierter und bewegen sich in die gewünschte Richtung, nämlich in Richtung Erfolg. Stillstand tritt dort ein, wo genauso viele Gedanken nach hinten losgehen wie nach vorne; im Rückwärtsgang fährt ein Unternehmen, wenn sich die Mehrheit der Gedanken nach hinten bewegt.

Vorleben

Aus freien Mitarbeiterköpfen kommen leichter gute Gedanken, Ideen und Einfälle; aus ängstlichen Köpfen kommen keine guten Ideen und keine herausragenden Leistungen.

Wenn der Chef und seine Mitarbeiter in die gleiche Richtung denken, dann sendet das Unternehmen mit großer Kraft, dann sind die Gedankenkräfte noch stärker gebündelt. Um so schlimmer, wenn die Gedanken des Chefs auf eine Krise oder die schlechte Auftragslage ausgerichtet sind, denn dann werden sich auch die Gedanken der Mitarbeiter an die Krisenstimmung ankoppeln, und in Nullkommanichts steckt das Unternehmen wirklich in einer Krise.

Konzentrierte Gedanken haben die Eigenschaft, sich besonders schnell zu verwirklichen. Sie erzeugen leicht resonierende Schwingungen. Ich hatte mit meinem Geschäftspartner Einigkeit darüber erzielt, dass wir einen guten Bauzeichner oder Techniker brauchten, der im Kanalbau selbstständig planen konnte. Eine Fachkraft zu finden, die genau die erforderliche Kombination von Fähigkeiten besaß, wäre schwierig gewesen. In unserer Region wären praktisch nur 20 Leute in Frage gekommen, wobei die besten 15 vermutlich bereits gute Jobs hatten. Wir hätten nur ungern jemanden genommen, den uns das Arbeitsamt vermitteln konnte.

Innerhalb weniger Tage rief bei uns ein alter Bekannter an und erzählte »zufällig«, dass seine Tochter in ihren alten Beruf zurückwolle. »Zufällig« hatte die Dame sowohl Zeichner- als auch Technikererfahrung. Zwei Tage später war sie zum Vorstellungsgespräch bei uns, und zehn Tage später war sie bei uns eingestellt. So mühelos kann es gehen, wenn die Gedanken auf ein klares Ziel ausgerichtet sind, anstatt sich in verschiedene Richtungen zu zerstreuen!

Wenn alle im Unternehmen an einem Strang ziehen

Das Denken den Pferden überlassen

Die eigenen Gedanken zu beherrschen, ist das Größte, was wir lernen können. Ein guter Lehrmeister sind dabei die Pferde. Sie können die Gedanken ihres Führers lesen. Die Pferde sagen: »Deine Gedanken eilen dir voraus.« Schneller als ich bei einem Pferd sein kann, sind meine Gedanken dort. Wenn ich zum Beispiel mit einem Pferd etwas üben will, das es nicht mag, weiß es ganz genau, wie viel Zeit ich habe.

Pferde reagieren nicht nur auf die Gedanken, sondern auch auf die Gefühle der Menschen, also insgesamt auf die geistige Klarheit der Menschen. Wenn sie zum Beispiel spüren, dass ich irgendetwas befürchte, das wahrscheinlich gar nichts mit ihnen zu tun hat, dann werden sie »guckiger«, wie wir sagen, Das heißt, sie fangen an, sich in alle Richtungen umzusehen, um festzustellen, was mich beunruhigt. Flattert dann noch unerwartet eine Plastiktüte in ihrer Nähe herum, so nehmen sie reißaus und geben praktisch grundlos ihrem Fluchtinstinkt nach. Bin ich jedoch innerlich ruhig, dann sind es die Pferde auch, dann lassen sie sich von herumfliegenden Tüten oder anderen Störfaktoren nicht beeinflussen.

Mitarbeiter reagieren ganz ähnlich auf die Gedanken und Gefühle ihrer Führungskräfte. In meinen Seminaren erlebe ich es immer wieder, dass Führungskräfte, die Probleme mit ihren Mitarbeitern haben, auch Probleme haben, Pferde in die gewünschte Richtung zu lenken. Ihre Gedankenkräfte sind nicht klar fokussiert, und das nutzen die Mitarbeiter genauso aus, wie es die Pferde tun. Mitarbeiter wie Pferde leisten in dem Fall Widerstand und bringen sich nicht voll ein. Das Führen von Pferden ist daher ein gutes Training für die eigenen Führungsfähigkeiten.

Der kluge Hans

In den 20er Jahren des letzten Jahrhunderts gab es ein Pferd, dem nachgesagt wurde, dass es rechnen konnte. Der kluge Hans konnte zum Beispiel Zahlen addieren, indem er mit den Vorderhufen so oft scharrte, bis er das Resultat der Rechenaufgabe hatte. Sein Ausbilder Wilhelm van Osten stand im Verdacht, dem Tier geheime Zeichen zu geben und ihm damit das Ergebnis der Rechenaufgabe vorzusagen. Doch stritt er dies entschieden ab, und tatsächlich rechnete der kluge Hans auch dann richtig, wenn sein Ausbilder gar nicht anwesend war. Worin lag nun das Geheimnis?

Zum Rechnen brauchte der kluge Hans stets Zuschauer, und im Grunde tat er nichts anderes, als das Resultat der Rechenaufgabe aus den Reaktionen der Zuschauer abzulesen. Wie wir ja schon wissen, beobachten Pferde sehr genau ihre Umgebung, und der kluge Hans registrierte ganz genau die Veränderung in der Körperspannung bei den Zuschauern. War das Ergebnis der Rechenaufgabe erreicht, so ließ die Spannung unter den Zuschauern nach, und der kluge Hans hörte sofort auf, mit den Hufen zu scharren. Da er stets im richtigen Augenblick aufhörte, glaubten alle, er könne eben rechnen und wüsste immer das richtige Ergebnis. In Wirklichkeit hat er nur die Zuschauer supergenau beobachtet, er hat sozusagen deren Gedanken gelesen. Es waren die Zuschauer, die gerechnet haben, nicht der kluge Hans!

Die Kaskade des Denkens

Jeder Gedanke, den wir denken, löst auch ein bestimmtes Gefühl in uns aus. Der Gedanke ist die Zündung, das Gefühl ist der Motor. Das Gefühl wiederum ist ausschlaggebend für das Verhalten bzw. das Tun. Haben sich Denken, Fühlen und Tun in bestimmten Situationen auf die gleiche Weise mehrfach wiederholt, so entsteht im nächsten Schritt eine Gewohnheit daraus. Damit wird das Tun automatisiert, es wird gewissermaßen ans Unterbewusstsein delegiert. Gewohnheitsmäßig gedachte Gedanken haben eine größere Wirkung als Gedanken, die wir nur einmal denken. Gewohnheiten wiederum prägen den Charakter bzw. die Eigenschaften einer Persönlichkeit. Der Charakter bestimmt das Schicksal, das einem widerfährt. Viele Menschen denken, ihr Schicksal – oder auch das Schicksal ihres Unternehmens – wäre unabänderlich, in Wirklichkeit bewegen sie sich nur in festgefahrenen Denkstrukturen.

Gewohnheiten

Die Kaskade des Denkens nach Michael H. Buchholz, Persönlichkeitstrainer und Buchautor, verläuft so:

Denken
Fühlen
Tun
Gewohnheit
Charakter
Schicksal

Diese Kaskade und mein am Anfang des Kapitels geschildertes Erlebnis mit dem Baudirektor haben dazu geführt, dass mein Charakter Fröhlichkeit ist und unser Schicksal gute Aufträge sind.

Was müssen wir tun, wenn wir das Schicksal ändern wollen? Wir müssen mit unserem Charakter beginnen. Wenn wir den Charakter ändern wollen, müssen wir unsere Gewohnheiten verändern; wenn wir die Gewohnheiten verändern wollen, müssen wir unser Tun verändern; wenn wir unser Tun verändern wollen, müssen wir unser Fühlen, letztlich unsere Gedanken ändern. Es endet und beginnt immer wieder mit dem Denken.

Alle Gedanken wirken immer wie selbsterfüllende Prophezeiungen:

- Wenn wir denken, dass es mit der Auftragslage abwärts geht, dann werden wir unser Tun unserem Gedanken und damit unserer Erwartung anpassen; am Ende gehen dann tatsächlich die Aufträge zurück;
- wenn wir denken, dass wir schon einmal vorsorglich Mitarbeiter entlassen müssen, weil eine Krise kommen könnte, dann kommt auch tatsächlich eine Krise;
- wenn wir als Führungskraft denken, dass ein Mitarbeiter faul, dumm, träge, unselbstständig und inkompetent ist, dann werden wir immer sehen, wie er faul, dumm, träge, unselbstständig und inkompetent agiert usw.

Natürlich wirkt das Ganze auch in positiver Richtung. Ich selbst habe mehrere Beispiele, wie Kunden auf meine vorgegebene Gedankenrichtung positiv reagierten. Bevor sie meine Mitarbeiter persönlich kennen lernten, sagte ich ihnen etwas über sie, zum Beispiel: »Wir haben da eine fähige Kraft in der Abteilung.« Es dauerte gar nicht lange, bis der Kunde mich dann ansprach: »Ich glaube, mit diesem Mitarbeiter haben Sie wirklich einen guten Fang gemacht.«

Die Gedanken, die wir aussenden, kehren eben immer zu uns zurück. Voraussetzung, damit das Erwünschte eintritt, ist, dass wir dabei authentisch und ehrlich sind, also wir wirklich denken und »meinen«, was wir sagen. Sagen wir etwas, das nicht wirklich unserer Überzeugung entspricht, dann kommt unser Gedanke bei unserem Gegenüber nicht an; unbewusst merkt er, dass wir etwas anderes sagen, als wir tatsächlich glauben, dass wir also lügen oder nur so tun, als ob. Unser Gegenüber wird dann nicht in der erwünschten Weise reagieren.

Authentisch sein

Der durch Gedanken bewegte Geist ist die gewaltigste Kraft, die es gibt. Darum sollten wir lernen, unsere Gedanken zu beherrschen.

Zusammenfassung

- Wir haben in jedem Augenblick die Wahl, wie wir eine Situation sehen bzw. worauf wir unsere Aufmerksamkeit richten wollen: auf das Negative, Unerwünschte oder auf das Positive, Erwünschte. In jeder Situation sind prinzipiell beide Perspektiven möglich; es kommt nur auf die Blickrichtung an.

- Gedanken sind Kräfte und erzeugen immer eine Wirkung. Durch die Realisierung auf der materiellen Ebene kehren Gedanken zu ihrem Schöpfer zurück. Richten wir unsere Gedanken auf Negatives, wie zum Beispiel auf Befürchtungen, Krisen oder Mangel, so werden diese eintreten; richten wir die Gedanken hingegen auf Positives, wie zum Beispiel eine gute Auftragslage, fähige Mitarbeiter und unsere Traumfirma oder Traumabteilung, so werden auch diese zur Wirklichkeit. Denn wir werden unser Tun immer entsprechend unseren Gedanken ausrichten und damit die gewünschte Wirkung hervorbringen, und zwar unabhängig davon, wie die Situation im Umfeld aussieht.

- Die klare, fokussierte Konzentration der Gedanken auf ein erwünschtes Ziel lässt dieses Ziel leicht, mühelos und mit geringstmöglichem Energieaufwand zur Wirklichkeit werden. Sind die Gedanken hingegen zerstreut, gehen die Wirkungen in alle Richtungen los und machen es schwieriger oder sogar unmöglich, das Ziel zu erreichen.

- Wenn die Gedanken des Chefs klar und konzentriert sind – anstatt widersprüchlich, von Zweifeln angenagt oder zerstreut –, so erleichtert dies auch den Mitarbeitern die Arbeit und der Führungskraft das Führen. Denn die Gedanken der Mitarbeiter koppeln sich nach dem Gesetz der Resonanz an diejenigen der Führungskraft an. Aus freien Köpfen kommen leichter gute Ideen und gute Arbeitsleistungen, die wiederum die Wirtschaftskraft des Unternehmens stärken. Und die gebündelte Gedankenkraft aller – der Mitarbeiter sowie der Führungskraft – wirkt stärker auf die Realisierung des Gedankens hin als die Gedankenkraft eines Einzelnen.

4.
Der Königsweg zur Traumfirma: die Mitarbeiter

Pferdeführer sind Menschenführer

Dem Makedonier-König Philipp wurde für 13 Talente das Pferd Bukephalos zum Verkauf angeboten. Philipp begab sich mit seinem Gefolge aufs Feld, um sich das Pferd näher anzuschauen, fand es aber völlig unbrauchbar, weil es niemanden aufsitzen ließ und sich gegen jeden, der ihm zu nahe kam, aufbäumte. Der König war verärgert und wollte das Wildpferd schon wegführen lassen, als sein Sohn Alexander an ihn herantrat: »Welch ein schönes und edles Tier verlieren wir, nur weil niemand mutig und geschickt genug ist, es richtig zu behandeln!« »Du machst uns Alten Vorwürfe, als ob du junger Kerl besser mit dem Tier umgehen könntest als wir?«, fragte Philipp empört. »Mit diesem zumindest traue ich mir zu, besser umzugehen als andere«, antwortete Alexander. »Und wenn du es nicht kannst, welcher Strafe willst du dich dann unterwerfen?« »Nun, dann werde ich den Preis für das Tier bezahlen.«

Großes Gelächter erhob sich im Gefolge Philipps, doch Alexander ging zum Pferd, drehte es gegen die Sonne, damit es nicht geblendet wurde, lief eine Weile neben ihm her und streichelte es. Dann schwang er sich hinauf und setzte sich auf den Sattel. Anfangs hielt er die Zügel ganz kurz, ohne das Tier zu schlagen oder ihm die Sporen zu geben. Als er merkte, dass Bukephalos bereit war zu laufen, ließ er die Zügel lockerer, spornte ihn an und ritt davon.

Als er von seinem Ritt zurückkehrte, klatschten alle in Philipps Gefolge Beifall. Der König aber weinte vor Freude, küsste Alexander und sagte: »Suche dir ein Reich, mein Sohn, dass deiner würdig ist! Makedonien ist zu klein für dich.«

Wer Pferde führen kann, kann auch Menschen führen, das wusste Philipp. Und sein Sohn Alexander der Große folgte seinem Ratschlag. Ein weltumspannendes Reich von Europa bis Asien baute er auf, denn er konnte exzellent Menschen führen. Zehntausende von

Pferdeflüstern. Bernd Osterhammel

ISBN: 3-527-50195-9

freiwilligen »Mitarbeitern« folgten ihm durch dick und dünn, überwanden Wind und Wetter, Hunger und Durst, Kriege und Gefahren und legten Tausende von Kilometern zu Fuß und zu Pferd zurück.

Doch Naturtalente in Menschen- und Pferdeführung wie Alexander sind dünn gesät, wie es scheint. Jedenfalls hat die menschliche Geschichte nicht viele Führungskräfte und auch nicht viele Unternehmungen seines Kalibers hervorgebracht.

Wie bringt man als Führungskraft Menschen dazu, dass sie einem folgen? Das ist die uralte Frage, die wir in diesem Kapitel neu stellen und beantworten wollen. Ich gebe zu, dass die Antworten darauf nicht neu sind und auch nicht neu sein können. Trotzdem ist das Problem der Mitarbeiterführung nach wie vor in den Unternehmen nicht gelöst, denn der Fokus liegt, wie wir im ersten Kapitel gesehen haben, zu sehr auf dem Managen von Dingen, Organisationen, Strukturen und Abläufen und zu wenig auf den Menschen. Es sind aber die Menschen, die durch ihr Engagement darüber entscheiden, ob ein Unternehmen erfolgreich ist oder nicht.

Goldgräber

Mitarbeiter sind Goldgräber, und Kunden sind die Goldgruben, die von ihnen bearbeitet werden. Ohne engagierte Mitarbeiter kann das Gold nicht geschürft werden. Es bleibt nutzlos unter der Erde.

Gibt es Stellschrauben zur Mitarbeiterregulierung?

Noch immer weit verbreitet ist die Ansicht, dass man als Führungskraft bei den Mitarbeitern nur »an der richtigen Schraube« drehen muss, um sie dazu zu bekommen, das zu tun, was man von ihnen möchte. Ich gebe zu, dass ich ebenfalls jahrelang nach der richtigen Schraube gesucht habe, um meine Mitarbeiter in die gewünschte Richtung zu bewegen. Ich habe an meinen Leuten »herumgeschnitzt« und mich immer wieder gefragt, wie ich sie motivieren kann. Wenn ich mit ihnen nicht zufrieden war, habe ich sie das spüren lassen und sie manchmal auch mit ihren unbefriedigenden Arbeitsresultaten ohne Hilfe alleine gelassen. Das hat meine Zusammenarbeit mit ihnen schwer gemacht und manchmal auch belastet. Ich habe natürlich gemerkt, dass auf diese Weise weder Leichtigkeit noch Freude in den Arbeitsalltag einkehrten. Von einer Traumfirma war ich damals sehr weit entfernt.

Im Allgemeinen gibt es drei »Schrauben«, von denen Führungskräfte meinen, dass sie etwas bewirken können, wenn sie dort ansetzen: Zwang, Geld und Sinn.

Die Zwangsschraube

Die Zwangsschraube arbeitet mit Druck und meist auch mit Angst. Wie das aussieht, haben wir in den ersten beiden Kapiteln schon mehrfach gesehen. In den letzten Jahren der sich verschärfenden Wirtschaftskrise ist gerade diese Schraube, wie es scheint, besonders beliebt bei Führungskräften geworden. Druck wird in allen möglichen Richtungen ausgeübt: im Hinblick auf bürokratische Einengungen, Kontrolle, die Verlängerung der Arbeitszeit, die Aufbürdung von Mehrarbeit, die sich durch die Entlassung anderer Mitarbeiter ergibt, die Umsetzung von Entscheidungen, an denen die Mitarbeiter erst gar nicht beteiligt wurden usw. Immer steht eine Drohung dahinter. Beliebt ist zum Beispiel die mehr oder weniger unausgesprochene Drohung mit Versetzung oder Kündigung. Bei Pferden entsprechen Druck und Angst der Peitsche oder den Sporen.

Die Ausübung von Druck hat zudem den Nachteil, dass innerhalb recht kurzer Zeit sowohl bei Menschen wie auch bei Tieren ein Gewöhnungseffekt eintritt. Sie kennen die Geschichte von dem Frosch, den man in einen Topf mit Wasser setzt, um anschließend das Wasser zu erhitzen. Steigt die Temperatur im Topf langsam an, so bleibt der Frosch sitzen und hüpft nicht heraus, obwohl die Hitze mit der Zeit immer unerträglicher und das Tier praktisch »gegart« wird. Da die Temperaturerhöhung stets nur minimal ist, bemerkt der Frosch den Unterschied zwischen dem vorhergehenden und dem gegenwärtigen Zustand kaum und spürt wohl zu wenig Schmerz, um den Topf zu verlassen.

Mitarbeiter im Unternehmen werden heute gerne mit Hiobsbotschaften »auf Trab« gebracht, um ihre Arbeitsleistungen zu steigern oder innovativer zu werden. Gängig sind Parolen wie: »Die Auftragslage ist gefährdet, wir müssen dringend etwas unternehmen«,

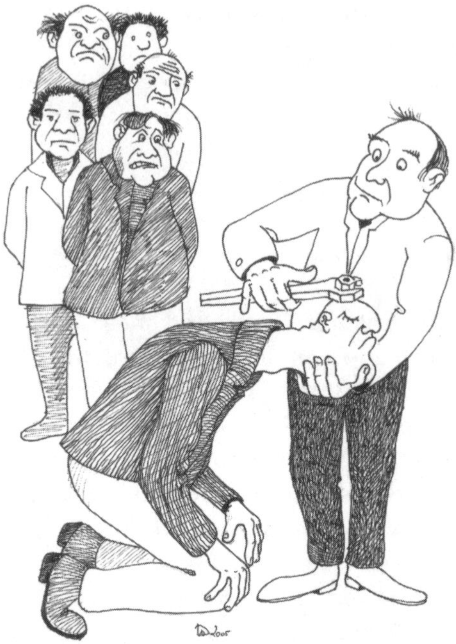

Wo ist die Stellschraube bei den Mitarbeitern?

»Wir dürfen den Anschluss nicht verpassen, sonst gehen die Umsätze zurück und die Arbeitsplätze sind gefährdet«, »Wir müssen bis dann und dann mit so und so vielen neuen Produkten auf den Markt kommen, sonst sind wir weg vom Markt« usw. Und wie reagieren die Mitarbeiter darauf?

Permanente Katastrophen

Ein niedriges Angstniveau regt zunächst das Gehirn an, und die Mitarbeiter werden sich in Bewegung setzen. Das funktioniert ein- oder zweimal in *echten* Krisen. Oft werden jedoch Hiobsbotschaften und Krisenszenarien zum Dauerbeschuss, weil Führungskräfte immer wieder versuchen, auf dieselbe Weise ihre Leute zu motivieren. Sie merken, dass das Schüren von Ängsten im Laufe der Zeit immer weniger Wirkung erzeugt, und versuchen daher, die Schraube immer weiter anzudrehen: Die Ängste steigern sich zu Katastrophenszenarien, und die Schraube wird zur Daumenschraube. Was passiert mit einer Schraube, die zu stark angezogen wird? Das Gewinde ist überdreht, und die Schraube hält nicht mehr in der Verankerung.

Beim Dauerbeschuss mit Krisenszenarieren und Ängsten lehnen sich die Mitarbeiter irgendwann nur noch gemütlich mit der Kaffeetasse in der Hand im Stuhl zurück und sagen: »Mal sehen, was der Chef heute wieder so drauf hat«. Die Mitarbeiter werden sich dann überhaupt nicht mehr einbringen und innerlich kündigen – wie der Frosch, der sich schon längst an den überhitzten Topf gewöhnt hat. Sie haben das Gefühl: »Egal, was wir hier tun und wie wir uns anstrengen, es wird ja doch nicht besser.« Die Krise ist zum Dauerzustand geworden.

Die andere Möglichkeit ist, dass Mitarbeiter mit Panik reagieren, wenn der Angstpegel zu hoch ist. Unter Panik ist dann überhaupt keine vernünftige Arbeit mehr möglich und die Arbeitsleistungen sinken praktisch auf den Nullpunkt. Panik bedeutet meist nur davonrennen, also die Firma verlassen.

Das Schüren von Ängsten ist kein probates Mittel, um Mitarbeiter zu motivieren oder zu herausragenden Leistungen anzuspornen. Nur kurzfristig und nur in echten Krisensituationen lassen sich dadurch höhere Leistungen erzeugen, bei angeblichen Dauerkrisen jedoch reagiert jeder Mensch psychisch mit Gewöhnung und bringt sich nicht mehr ein.

Wer seine Mitarbeiter in Angst versetzt, wirft seinen Schlüssel zur Traumfirma weg. Er versucht, die Freiheit der Mitarbeiter zu umgehen, indem er durch Druck ein bestimmtes Leistungsniveau aus ihnen »herauszupressen« versucht. Das funktioniert höchstens kurzfristig.

Die Geldschraube

Eine andere Möglichkeit ist die, Mitarbeiter über Geld, Prämien oder Boni zu motivieren. Das wirkt wie Doping: Auch hier tritt ein Gewöhnungseffekt ein, weil immer mehr Geld eingesetzt werden muss, um die Mitarbeiter zu motivieren. Jede Prämie wird so über kurz oder lang zur Rente. Wenn die Belohnung ausbleibt oder geringer als erwartet ausfällt, lässt auch die Arbeitsleistung nach. Kein Mensch gibt sich mehr Mühe als unbedingt nötig, um eine Prämie oder einen Bonus zu bekommen, denn es liegt in der Na-

Geringstmöglicher Energieaufwand

tur des Menschen wie auch der Tiere, dem Gesetz des geringstmöglichen Energieaufwandes zu folgen: »Tue nicht mehr, als du unbedingt tun musst, um dein Ziel zu erreichen.« Jeder möchte es immer so angenehm wie möglich im Leben haben, was nichts mit Faulheit zu tun hat, sondern eher mit der angeborenen Tendenz, seine Energie zu sparen, um sie gegebenenfalls für wichtigere Dinge einsetzen zu können. Belohnungen versucht jeder, auf dem kürzestmöglichen Weg, auf einer Abkürzung, zu erlangen.

Beispiel

Ein mittelständisches Unternehmen führte ein Zielvereinbarungssystem ein und koppelte die Zielerreichung an die Ausschüttung von Prämien. Zur allgemeinen Überraschung gingen die Umsätze stetig zurück, während gleichzeitig die Prämienausschüttung anstieg. Es wurde eine Arbeitsgruppe eingesetzt, um dem merkwürdigen Phänomen auf den Grund zu gehen. Man kam zu folgendem Ergebnis: Vor der Einführung des Zielvereinbarungssystems wurde der Begriff »Leistung« unspezifisch und unscharf verwendet; das neue System nun hatte klar definiert, was als Leistung galt und was nicht. Bestimmte Teilleistungen wurden herausgegriffen und höher bewertet als andere, indem sie mit Prämien belohnt wurden.

Verständlicherweise konzentrierten sich die Mitarbeiter nun auf die Erbringung der als besonders hochwertig eingestuften Teilleistungen, um Prämien und Beförderungen zu bekommen. Die übrigen Leistungen jedoch vernachlässigten sie mehr und mehr, so dass für das Unternehmensergebnis eigentlich wichtige – aber von der Geschäftsleitung nicht honorierte, da als unwichtig eingestufte – Leistungen auf der Strecke blieben. So kam es, dass Marktchancen versäumt wurden und die Risikofreude starb. Den auf der geistigen Ebene falsch gesetzten »Werten« folgte das Resultat auf der materiellen Ebene in Form rückläufiger Umsätze.

Hier bewahrheitet sich wieder, was ich im zweiten Kapitel ausgeführt habe: Als Chef erzielen wir mit unseren Gedanken und Handlungen immer eine Wirkung – die Frage ist nur, welche. Bewegt sich der Mitarbeiter in die gewünschte Richtung oder in eine ganz andere?

Wir können als Führungskraft häufig gar nicht das gesamte Leistungsspektrum überblicken, das einzelne Mitarbeiter erbringen und das im komplexen Zusammenwirken mit den Kunden und dem

Marktgeschehen den Unternehmenserfolg beeinflusst. Deshalb macht es keinen Sinn, einzelne Leistungen herauszugreifen und einseitig zu honorieren.

Zudem führt die Herausstellung von Einzelleistungen schnell zur Benachteiligung bestimmter Mitarbeiter oder Mitarbeitergruppen, die solche Leistungen von ihrem Tätigkeitsspektrum oder ihrer Ausbildung her gar nicht erbringen können. In vielen Betrieben ist es zum Beispiel so, dass vor allem verkaufs- und vertriebsrelevante Leistungen durch Incentives belohnt werden, also nur die Verkäufer bzw. Außendienstler »motiviert« werden, während der gesamte Innendienst auf der Strecke bleibt. Das fördert wiederum Frust und Demotivation unter den von der Honorierung Ausgeschlossenen und zieht weitere Probleme nach sich. Wie oft kommt es zum Beispiel vor, dass der Außendienst zwar eifrig Aufträge akquiriert, die Abwicklung der Aufträge im Innendienst aber so lange auf sich warten lässt, dass die Kunden frustriert sind und nicht gehalten werden können.

Benachteiligung von Mitarbeitern

Das Bonussystem geht davon aus, dass eine Lücke besteht zwischen der tatsächlich erbrachten und der möglichen Arbeitsleistung von Mitarbeitern. Durch Prämien soll diese Lücke geschlossen, also die Leistungsbereitschaft erhöht werden. Die Führungskraft hat jedoch keinen Einfluss auf die Leistungsbereitschaft, denn diese ist der Freiwilligkeit des Einzelnen unterworfen.

Seitdem die Wirtschaftslage von vielen Unternehmen als nicht gerade rosig bewertet wird, hat sich in den letzten Jahren leider noch eine andere Art und Weise eingebürgert, an der Geldschraube zu drehen. Heute ist es vielfach schon als »Prämie« anzusehen, wenn überhaupt die regulären Gehälter stabil bleiben und über Jahre hinweg konstant bezahlt werden. Wird dieses oder jenes Ziel nicht erreicht oder verschlechtert sich die Auftragslage, so werden zuerst Weihnachts- und Urlaubsgeld gestrichen; nützt das nichts (man kann davon ausgehen, dass es grundsätzlich nichts nützt!), so werden auch noch die Gehälter gekürzt, nicht selten um 25 bis 40 Prozent. Das Ganze ist quasi eine Mischung aus Geld- und Zwangsschraube: »Erbringt das Unternehmen nicht die erwartete Leistung, so wirst du, Mitarbeiter, mit Gehaltsabzug bestraft« oder

Geld als Zwangsschraube

noch drastischer: »Entweder du nimmst die Gehaltskürzung hin oder du wirst entlassen«. Es liegt auf der Hand, dass eine Abstrafung mit Gehaltsminderung wegen rückläufiger Unternehmensergebnisse immer demotivierend auf die Mitarbeiter wirken muss, zumal diese häufig für die schlechten Unternehmensergebnisse gar nicht verantwortlich sind! Verantwortlich ist vielmehr die Unternehmensführung, die offensichtlich den falschen Kurs eingeschlagen hat. Im schlimmsten Fall treibt es die Unternehmensführung sogar so weit, dass sie den Beweis antreten will, dass es schlechter wird. Sätze wie »Die Mitarbeiter werden schon merken, dass es so nicht weitergeht« höre ich des öfteren aus dem Mund von Unternehmern. Gedanken sind Kräfte; wer seine Gedanken darauf richtet, dass es bergab geht, bei dem wird es auch bergab gehen.

Abwärtsspirale

Mit Gehaltskürzungen lässt sich die Leistungsbereitschaft der Mitarbeiter gewiss nicht erhöhen, sondern sie wird sich mit Sicherheit verringern. Welche Motivation sollte ein Mitarbeiter haben, sich für ein Unternehmen zu engagieren, wenn er statt eines fairen durchschnittlichen Gehalts plötzlich bei gleicher Arbeitsleistung ein unfaires unterdurchschnittliches Gehalt bekommt oder gar am Existenzminimum leben muss, und das bei ständig steigenden Preisen und Abgaben?

Zudem ist aus einer Studie der Unternehmensberatung Arnold + Bolingbroke bekannt, dass Kosten innerhalb von zwei bis drei Jahren nach ihrer Reduzierung wieder ihr altes Niveau erreicht haben. Das heißt, Unternehmen, die die Gehälter kürzen, sparen unter dem Strich kein Geld und fördern zudem den Frust unter den Mitarbeitern. Über kurz oder lang wird sich die Arbeitsleistung der Mitarbeiter verringern, was wiederum die Unternehmensergebnisse weiter sinken lässt und nach der gegenwärtigen »Verhaltenslogik« vieler Firmen weitere Kostensenkungen und Gehaltseinsparungen oder Entlassungen nach sich zieht – eine Negativspirale ohne Ende.

Wir wissen inzwischen aus diversen Untersuchungen, dass mehr Lohn für Arbeitnehmer nicht unbedingt mehr Leistung für den Arbeitgeber bringt. Umgekehrt gilt aber in jedem Fall: Weniger Lohn für die gleiche oder eine höhere Arbeitsleistung wird über kurz oder lang bedeuten, dass der Arbeitnehmer sein Engagement vermindert, und zwar deshalb, weil die Entlohnung als unfair empfunden wird.

Gerechte Entlohnung

Das Gehalt ist ein Hygienefaktor. Darum sollte es »stimmig« und den Leistungen angemessen sein. In meinem Unternehmen achte ich darauf, dass kein Mitarbeiter am Existenzminimum verdient, sondern deutlich darüber, denn das Existenzminimum liegt häufig kaum über dem Sozialhilfesatz. Warum sollte sich ein Mitarbeiter für mein Unternehmen besonders engagieren, wenn er ohne Arbeit, als Arbeitsloser, praktisch fast genauso viel Geld monatlich zur Verfügung hat? Alle Mitarbeiter beziehen in unserem Ingenieurbüro Einkommen, die über den regional üblichen liegen. Grundsätzlich gehe ich davon aus, dass alle Leistungen im Betrieb gleichwertig sind – bis zum Aufkleben der letzten Briefmarke. Denn ohne aufgeklebte Briefmarke kommt die Post niemals beim Kunden an, und der Auftrag geht niemals bei uns ein.

Es ist wichtig, alle Leistungen, die von Mitarbeitern erbracht werden, wertzuschätzen und nicht einzelne Leistungen als »prämienwürdig« auf- und alle übrigen Leistungen damit abzuwerten.

Beispiel

Einen Weg gerechter Prämienentlohnung hat die Firma Mensch und Maschine AG aus dem bayrischen Weßling gefunden. Die über 400 Mitarbeiter stimmen zweimal jährlich demokratisch darüber ab, wie die betrieblichen Leistungsprämien auf die Belegschaft zu verteilen sind. Zwar ist die Stimmengewichtung nicht paritätisch – Mitarbeiter an der Basis haben je eine Stimme, höhere Angestellte drei bis sechs Stimmen, der Chef hat acht Stimmen –, aber immerhin darf jeder jeden beurteilen, auch seine Vorgesetzten.

Es gibt keine zeitraubenden Berechnungsprozeduren mit Zielerreichungsgrößen und anderen Leistungskennziffern, sondern nur eine simple Abstimmung. Adi Drotleff, Gründer und Inhaber der Firma, baut seit vielen Jahren darauf, dass seine Mitarbeiter die Leistung ihrer Kollegen besser und fairer beurteilen können als einzelne Vorgesetzte oder mathematische Erfassungsmethoden.

Zwei Dinge sind Voraussetzung, damit das anscheinend einmalige Beurteilungssystem funktioniert:

1. Alle Mitarbeiter haben Zugang zur firmeninternen Buchhaltung und können überprüfen, ob die ihnen präsentierten Gewinne und Verluste auch stimmen.

2. Im Betrieb werden Transparenz, Vertrauen und Kollegialität groß geschrieben. Denn bei hoher Personalfluktuation oder schlechtem Betriebsklima wäre das Modell nicht praktizierbar.

Es ist also möglich, Prämien auch so einzusetzen, dass sie nicht als Mittel zur künstlichen Motivation dienen, sondern als faire und leistungsgerechte Entlohnung und echte Wertschätzung von den Mitarbeitern verstanden werden.

Die Sinnschraube

Kommen wir zur letzten der drei Schrauben, mit denen Führungskräfte versuchen, die Leistungen ihrer Mitarbeiter zu verbessern, der Sinnschraube. Das haben sich manche Unternehmen scheinbar gut ausgedacht: Sie haben beobachtet, dass in besonders erfolgreichen Firmen die Mitarbeiter nicht nur sehr engagiert sind, sondern sich auch stark mit ihrem Unternehmen identifizieren. Daraus haben sie den Umkehrschluss gezogen: »Wir müssen die Identifikation der Mitarbeiter mit unserer Firma erhöhen, dann bringen sich auch unsere Leute engagiert ein, und wir werden erfolgreich.« So hat man mancherorts eine seltsame Fankultur aufgebaut, um die Identifikation der Mitarbeiter mit ihrer Firma regelrecht zu »beschwören«.

Beispiel

Bei Wal-Mart, dem großen amerikanischen Discounter, der seit einigen Jahren auch in Deutschland Fuß fasst, fand eine gewisse Zeit lang jeden Morgen vor Arbeitsbeginn ein Treffen der gesamten Belegschaft statt. Cheerleader, wie wir sie von Baseballspielen und anderen amerikanischen Sportarten kennen, stellten sich dann vor allen Mitarbeitern auf, tanzten und sangen ein fetziges Lied, den Cheer, der zur Mitarbeit im Unternehmen motivieren soll. Im Rhythmus der Cheerleader sang und klatschte die ganze Belegschaft mit. Die Show erinnerte stark an den Morgenappell bei der Armee, wenn sie auch farbenfroher und weniger diszipliniert ablief. Immerhin ist man nach einer Weile darauf gekommen, dass diese seltsame Vorstellung doch nicht dazu angetan ist, die Leistungen der Mitarbeiter nennenswert zu erhöhen oder die Identifikation mit dem Unternehmen zu verbessern. Singen und Klatschen vor Arbeitsbeginn war eigentlich für alle eine ebenso lächerliche wie überflüssige Pflichtübung, die man bald wieder abschaffte. Wal-Mart hat bekanntlich insbesondere in Deutschland mit Absatzproblemen zu kämpfen, die sich durch den Versuch, eine Identifikation der Mitarbeiter mit dem Unternehmen künstlich herzustellen, jedenfalls bisher nicht lösen ließen.

Wenn Mitarbeiter sich mit ihrem Unternehmen identifizieren, bedeutet dies, dass sie in ihrer Arbeit einen Sinn sehen, dass die Arbeit ihnen Spaß macht oder sogar Freude bereitet und dass sie sich in ihrer Firma wohlfühlen. Die Identifikation stellt sich also unabsichtlich ein, sofern die Rahmenbedingungen der Arbeit für die Mitarbeiter stimmen.

Was sich unabsichtlich, sozusagen als Nebenwirkung, einstellt, kann aber nicht absichtlich hervorgebracht werden, insbesondere dann nicht, wenn die Voraussetzungen für eine Identifikation aus der Sicht der Mitarbeiter nicht gegeben sind. Die zentral von oben verordnete Identifikation ist in diesem Fall nichts weiter als eine weitere Manipulationsschraube, die nichts bewirkt. Die Identifikation der Mitarbeiter mit dem Unternehmen per ordre de mufti herzustellen, zäumt das Pferd vom Schwanz auf. Es ist genau so, als ob man versucht, einem Pferd gewaltsam gesunden Lebertran einzuflößen, den es auch freiwillig fressen würde, wenn man ihm nur seine Freiwilligkeit ließe.

Wo die Schraube für erfolgreiche Veränderungen sitzt

Manipulationsmechanismen

Wir haben gesehen, dass das Drehen an irgendwelchen Schrauben nichts nützt, wenn man als Führungskraft seine Mitarbeiter dazu bringen will, sich hundertprozentig einzubringen. Alle

Schrauben sind letztlich nur Manipulationsmechanismen, die dem im ersten Kapitel erläuterten Managementparadigma folgen: Man glaubt, man könne Menschen so steuern wie Maschinen, indem man hier und da ein bisschen an ihnen »dreht« oder »schraubt«. Das funktioniert aber nicht. Denn an der Freiwilligkeit des anderen kommen wir niemals vorbei – es sei denn, wir bezahlen als Führungskraft einen hohen Preis dafür, indem wir 100 Prozent Gehalt oder mit Prämie sogar 125 Prozent Gehalt bezahlen, aber nur 70 Prozent Leistung oder noch weniger bekommen.

Es gibt nur eine Stellschraube, an der wir erfolgreich drehen können, und das ist die Schraube an uns selbst. Das heißt: Als Führungskraft müssen wir unsere innere Einstellung und unser Verhalten zu unseren Mitarbeitern ändern, anstatt an den Mitarbeitern herumzumanipulieren. Nur wenn wir uns selbst ändern, ändert sich auch das Verhalten der Mitarbeiter.

Freier Energiefluss

Im Grunde geht es um nichts anderes als um das freie Fließen der Energien im Unternehmen. Wir wünschen uns, dass sich unsere Mitarbeiter voll einsetzen, dass sie mit dem Herzen bei der Sache sind, anstatt sich zurückzuhalten oder ihre Energien in die Freizeit oder in andere Dinge zu stecken. Fließen die Energien frei, dann stellt sich jene

Hier sitzt die Schraube für erfolgreiche Veränderungen!

Leichtigkeit und Harmonie ein, die die Arbeit angenehm macht, die Freude und Spaß bringt und die den Erfolg mühelos werden lässt.

»Was ein Pferd unter Zwang macht, macht es blindlings. ... Vorführungen unter dieser Bedingung sind Darbietungen von schwerfälligen Gesten, nicht von Anmut und Schönheit. Was wir brauchen, sind Pferde, die bei bestimmten Signalen aus eigenem Antrieb ihre schönsten Bewegungen mit größtem Ausdruck zeigen. ... Das sind die Pferde, auf denen Götter und Helden reiten.« (Xenophon)

Ersetzen Sie im obigen Text das Wort »Pferd« durch »Mitarbeiter«, und Sie erhalten in etwa das, was wir auch in den Unternehmen brauchen. Volles Engagement bekommen wir nicht, indem wir Druck oder Zwang ausüben, denn damit berauben wir den anderen seiner Freiheit und blockieren seine Energien. Wir erreichen somit genau das Gegenteil von dem, was wir eigentlich erreichen wollen. Führung, die auf Manipulation und »Schraubendreherei« beruht, wird zur Verführung und macht die Angestellten zu Abgestellten. Menschen lassen sich nicht von außen motivieren. Man kann ihnen nur die Gelegenheit geben, sich selbst (von innen, intrinsisch) zu motivieren. Wenn ihre Eigeninitiative im Mittelpunkt steht, dann sind sie auch motiviert.

Im Grunde steckt darin ein neues Verständnis von Führung: Es geht darum, dass wir *uns selbst* als Führungskräfte weiterentwickeln, dass wir nicht mehr die Lösung für unsere Probleme im Außen bei den Mitarbeitern oder bestimmten Techniken zu ihrer Beeinflussung suchen, sondern bei uns selbst ansetzen. Eine Führungskraft muss an der Erkenntnis wachsen, dass die Welt nicht so ist, wie sie sie gerne hätte, sondern so ist, wie sie eben ist. Aber genau darin stecken die Möglichkeiten zur Entwicklung.

»Wer ein Pferd ohne Fehler haben möchte, muss zu Fuß gehen.«
(französisches Sprichwort)

Viele Führungskräfte sind noch immer auf der Suche nach den »perfekten« Mitarbeitern oder nach dem »richtigen« System zur

Mitarbeiterbeeinflussung. Beides gibt es nicht! Finden sie nicht das, was sie suchen, so werden die Mitarbeiter entweder entlassen oder in ihrer Freiheit und ihren Entfaltungsmöglichkeiten so weit beschnitten, dass die Energien ins Stocken geraten. In letzter Konsequenz stockt dann über kurz oder lang auch der Geldfluss auf dem Firmenkonto. Dann wird alles mühselig und beschwerlich, und es kommen weder Freude noch Leichtigkeit auf. Business wird zum Kampf, Arbeit zur Plackerei und zur Mühsal, die doch nur geringe Früchte trägt. Die Traumfirma rückt in immer größere Ferne.

Was Mitarbeiter motiviert

Was ist es nun, das Mitarbeiter motiviert, das sie dazu bringt, sich voll und ganz für ein Unternehmen einzusetzen und mit Herzblut für die Firma zu engagieren? Fragt man Führungskräfte, so hört man stets dieselbe falsche Antwort: Das gute Einkommen stehe an erster Stelle; daher auch der Ansatz der Geldschraube. Dies stimmt aber nicht; Mitarbeiter wissen, dass sie ein branchenübliches Gehalt beziehen und erwarten in der Regel auch nichts anderes.

Fragen wir die Mitarbeiter selbst, so bekommen wir völlig andere Ergebnisse. Die internationale Unternehmensberatung Towers Perrin hat 15000 Mitarbeiter sämtlicher Hierarchieebenen in ganz Europa, darunter 4000 in Deutschland, zum Thema Motivation befragt. Die Fragen sind ebensowenig neu wie die Antworten. Studien wie diese aktuelle aus dem Jahre 2004 sind schon oft durchgeführt worden und kommen eigentlich immer wieder zu denselben Ergebnissen, die doch stets für Führungskräfte überraschend zu sein scheinen. Also lüften wir hier zum tausendsten Male das »Geheimnis« der Mitarbeitermotivation:

Repräsentative Studie

Rang	Mitarbeitermotivation: Was das Engagement von Mitarbeitern steigert
1	Interesse am Wohlergehen der Mitarbeiter
2	Förderung der beruflichen Fähigkeiten
3	Vorbildliches Agieren der Unternehmensführung im Sinne der Unternehmenswerte
4	Ausreichende Entscheidungsfreiheit, um gute Arbeitsergebnisse zu liefern
5	Der Ruf des Unternehmens als Arbeitgeber
6	Ein anspruchsvolles Aufgabenspektrum
7	Teamarbeit in der eigenen Arbeitsgruppe
8	Hohe Kundenorientierung des Unternehmens
9	Allgemeines Arbeitsklima
10	Nachvollziehbare Festlegung des individuellen Gehalts

Quelle: Talent Report, Towers Perrin 2004; Auszug, im Original als Abbildung mit Prozentangaben

Der mit Abstand wichtigste Motivationsfaktor ist das Interesse am Wohlergehen der Mitarbeiter oder – mit anderen Worten – die Wertschätzung durch den Vorgesetzten.

Am meisten beklagen sich Mitarbeiter – wir sahen es bereits bei der Gallup-Studie im ersten Kapitel –, dass sie nicht wahrgenommen und nicht wertgeschätzt werden. Dies bestätigt sich in dieser Untersuchung erneut. An zweiter Stelle dahinter steht die Möglichkeit, seine Fähigkeiten einzubringen und zu verbessern. Das Gehalt hingegen rangiert erst an zehnter Stelle.

Das charismatische Unternehmen

Wie die Traumfirma aussieht

Towers Perrin hat die Mitarbeiter auch befragt, wie für sie die »Traumfirma« aussieht oder, anders ausgedrückt, was ein Unternehmen für sie attraktiv macht. So sehen die Ergebnisse aus:

Rang	Unternehmensattraktivität: Wodurch Unternehmen als Arbeitgeber interessant werden
1	Abwechslungsreiche Arbeit
2	Anerkennung der geleisteten Arbeit
3	Aufstiegsmöglichkeiten
4	Ein Arbeitsklima, das Zusammenarbeit fördert
5	Fort- und Weiterbildungsmöglichkeiten
6	Anspruchsvolles Aufgabenspektrum
7	Work-Life-Balance
8	Gestaltungsmöglichkeiten bei der Arbeit
9	Wettbewerbsfähige Nebenleistungen
10	Modernste Technologien

Quelle: Talent Report, Towers Perrin 2004; Auszug, im Original als Abbildung mit Prozentangaben

Auch hier sehen wir wieder, wie wichtig die Wertschätzung ist: Anerkennung für die geleistete Arbeit zu bekommen, ist einer der wichtigsten Faktoren, die aus Mitarbeitersicht ein Unternehmen zur »Traumfirma« machen.

Unternehmen mit Herz

Menschen, die durch ihre Ausstrahlung und Persönlichkeit in besonderer Weise auf andere wirken, nennen wir charismatisch. Im Prinzip kann jeder Mensch charismatisch sein, wenn er seine Persönlichkeit durch Weiterentwicklung entfaltet und authentisch ist. Aber auch Unternehmen können charismatisch sein. Unternehmenscharisma entsteht nach Cay von Fournier durch eine ganzheitliche und authentische Unternehmensführung, bei der Seele, Herz, Körper und Kopf zusammenwirken.

Seele und Herz des Unternehmens sind das, was wir heute unter dem Begriff »Unternehmenskultur« fassen. Die Seele eines Unternehmens wird von seinem Wertesystem geprägt – also von Werten, wie wir sie im zweiten Kapitel vorgestellt haben. Diese Seele hat etwas Einmaliges, das sich nicht kopieren lässt. Das Herz des Unternehmens ist von der Stimmung und dem Betriebsklima geprägt. Ein Unternehmen hat dann »Herz«, wenn der Umgang mit seinen Mitarbeitern, mit Kunden und Geschäftspartnern von Herzensqualitäten geprägt – eben herzlich – ist. In diesem Sinne sind viele Unternehmen heute herzkrank; sie leiden ihrem Umgangsstil mit Menschen entsprechend an einer Verstopfung der Herzkranzgefäße und können nur noch mit einem künstlichen Bypass überleben.

Seele und Herz

Der Kopf ist dasjenige, worauf sich – unter Vernachlässigung der Herzensqualitäten – immer noch die meisten Aktivitäten konzentrieren: die rationalen Leistungen, die Strategien und Produkte, die Entwicklungen und Innovationen. Sie sind wichtig, aber nicht allein entscheidend. Was nützen alle Leistungen und Fähigkeiten, wenn das Unternehmen an einem Herzinfarkt stirbt? Der Körper schließlich sind die Organisation und die Finanzen, die Gebäude und die Maschinen, also die materielle und sichtbare Seite des Unternehmens.

Kopf und Körper

Wenn die Energien in einem Unternehmen frei fließen, wenn die Mitarbeiter die gewünschte Wertschätzung erfahren und sich entfalten können, dann entwickeln sie genau jene Begeisterung für ihre Aufgabe, die sie ihren Arbeitgeber als »Traumfirma« empfinden lässt. Die Traumfirma hat Charisma und Persönlichkeit, sie ist anziehend, weil sie die Arbeit zur Freude macht, weil sie Leichtigkeit und Harmonie hervorbringt. Es ist die Aufgabe von Führungskräften, Mitarbeiter so zu führen, dass der Weg frei wird, damit sie Begeisterung entwickeln können.

> »Es ist die Begeisterung eines Menschen, die außergewöhnliche Ergebnisse hervorbringt. Nicht irgendeine Autoritätsfigur, die Befehle herumbrüllt.«
>
> (Fred Gratzon, der »faulste« erfolgreiche Unternehmer Amerikas)

5. Führung heißt Beziehung

Der persönliche Kontakt

Die Führung von Mitarbeitern kommt ohne den persönlichen Kontakt zu ihnen nicht aus. Denn nur im persönlichen Gespräch erfahren wir, was der Mitarbeiter braucht oder wünscht und was wir ihm geben können, um seine Leistungsbereitschaft zu fördern. Deshalb bringe ich auch meinen Abteilungsleitern immer wieder herüber, dass sie mit ihren Leuten im Gespräch bleiben.

Es muss allen Führungskräften bewusst sein, dass sie ihre Mitarbeiter und deren Gefühle nicht übergehen, sondern wahrnehmen und darauf eingehen sollten. Die Gefühle sind die weichen Faktoren, die letztlich das Herz des Unternehmens ausmachen und am Ende die harten Fakten, den Kontostand, bestimmen.

Nun mögen Sie einwenden, dass es in einem kleinen Unternehmen mit nur dreißig Mitarbeitern noch leicht möglich sein mag, den persönlichen Kontakt zu halten, dass dies aber in einem großen Unternehmen oder in einem Konzern praktisch nicht mehr realisierbar sei. Das stimmt aber nicht. Zum einen kommt es für einen Mitarbeiter immer, wie wir ja im zweiten Kapitel gesehen haben, auf den unmittelbaren Vorgesetzten an, denn er ist es, der aus seiner Sicht die Qualität der Unternehmenskultur bestimmt. Zum unmittelbaren Vorgesetzten aber besteht selbst in großen Unternehmen stets ein persönlicher Kontakt. Zum anderen ist es dank moderner Technik auch möglich, sogar in Konzernen von der Vorstands- zur Mitarbeiterebene persönliche Kontakte zu pflegen.

Beispiel

Eine besondere Methode hat dafür Rolf Schwirz, Deutschland-Geschäftsführer des Softwarekonzerns Oracle, gefunden. Einmal im Quartal stellt sich Schwirz ins hauseigene TV-Studio und informiert seine 1500 Mitarbeiter live via Intranetfernsehen über die Ziele des Unternehmens. Daraus entwickeln sich Diskussionen, wobei die Mitarbeiter

Pferdeflüstern. Bernd Osterhammel

ISBN: 3-527-50195-9

via Monitor sofort Fragen stellen können, die Schwirz direkt beantwortet. Das Konzept kommt bei den Mitarbeitern an; sie fühlen sich in die Geschäftspolitik miteinbezogen. Selbst wer keine Zeit hat, die Diskussion am Monitor zu verfolgen, kann die Aufzeichnung der Sendung später an seinem Computer ansehen.

Auf die Idee dazu hat Schwirz sein früherer Chef gebracht, der ihm vermittelte: »Bevor wir über die richtige Strategie für das Unternehmen nachdenken, müssen wir darüber reden, wie wir miteinander umgehen.«

Anerkennung, Lob und Wertschätzung

Menschen wie auch Pferde brauchen einen Grund, um etwas freiwillig zu tun. Anerkennung liefert ihnen genau das, was sie brauchen, um sich mit Engagement einzubringen. Wir Menschen haben die Nase eines Trüffelschweins für Wertschätzung. Von frühester Kindheit an bettelt etwas in uns danach, wertgeschätzt, anerkannt, ja letztlich geliebt zu werden. Kein Gespräch mit Mitarbeitern oder Kunden, in dem nicht unterschwellig, auch ohne Worte, Wertschätzung oder Geringschätzung ausgedrückt wird. Anerkennung und Wertschätzung sagen dem anderen: »Du darfst so sein, wie du bist. Du bist in Ordnung.« Und das ist für die meisten Menschen das Größte; es gibt ihnen einen Energieschub und lässt sie über sich selbst hinauswachsen.

Leistungspotenzial der Mitarbeiter verschenkt

Leider verfahren viele Führungskräfte nach der Devise: »Wenn ich nicht meckere, dann bin ich schon zufrieden.« Bei anderen wiederum ist es so, dass Anerkennung und Wertschätzung in Konservendosen aufbewahrt werden. Die Dosen werden nur geöffnet, wenn jemand etwas ganz Außergewöhnliches oder Außerplanmäßiges tut, nicht aber, wenn er seine reguläre Arbeit gut erledigt. Im normalen Alltag bleiben die Dosen zu, und die Dosenöffner liegen versteckt in irgendeiner Schublade.

Lob in Konservendosen

Warum ist das so? Die meisten Menschen, sicher auch die meisten Führungskräfte, geben sich selbst viel zu selten positive Rückmeldung. Daraus folgt, dass sie selten das Gefühl von Dankbarkeit spüren – Dankbarkeit für ein Ergebnis, das sie selbst erzeugt haben. Dann fehlt es auch an der Dankbarkeit gegenüber den Ergebnissen, die andere erbracht haben.

Führungskräfte, die Mitarbeitern selten Anerkennung und Wertschätzung zollen, verschenken einen großen Teil des Mitarbeiterpotenzials. Denn Mitarbeiter, die zu wenig Wertschätzung erfahren, lassen sich die mangelnde Anerkennung »teuer« bezahlen, zum Beispiel indem sie sich nicht voll einbringen, keine 100 Prozent geben, sondern wesentlich weniger. Zudem ist fehlendes oder sparsames Lob Anlass für viele, manchmal geradezu lächerliche Spielchen um Zuwendung und Nähe: Mitarbeiter, denen es an Zuwendung fehlt, versuchen auf verschiedenste Weise die Aufmerksamkeit ihrer Vorgesetzten zu erregen, um überhaupt einmal wahrgenommen zu werden und wenigstens ein paar »Streicheleinheiten« zu ergattern. Sie versuchen auf jede nur erdenkliche Art, ihre Vorgesetzten dazu zu bewegen, den Dosenöffner hervorzukramen, um endlich wieder einmal eine Konserve zu öffnen.

Statt die Aufmerksamkeit auf den positiven Anteil der Mitarbeiterleistung zu richten, konzentrieren sich manche Führungskräfte auf das Negative: Sie sehen Mängel und Defizite in der Arbeitsleistung und kritisieren, anstatt zu loben. Derselbe Fehler wird auch häufig im Umgang mit Pferden gemacht: Anstatt Tiere zu ermutigen und zu belohnen, sobald sie eine erwünschte Aktion ausführen, wird nur unerwünschtes Verhalten bestraft. Tiere, die so behandelt werden, reagieren mechanisch wie Roboter und haben oft stumpfe Augen. Hinzu kommt: Je weniger gelobt wird, also je weniger positive Rückmeldung die Pferde für ein erwünschtes Verhalten bekommen, desto mehr muss auf der anderen Seite »negativ verstärkt« oder bestraft werden; denn ohne Rückmeldung würden die Tiere gar nichts lernen. Doch Bestrafungen sind unangenehm und rufen Furcht hervor, und die Furcht wiederum erzeugt Spannungen und damit Widerstand, der es den Tieren schwerer als nötig macht, richtig zu reagieren.

Tadeln statt Loben

Die vergessene Wertschätzung führt bei Menschen wie auch bei Pferden schneller zum Burnout-Syndrom. Wertschätzung ist wie ein Lebenselixier, eine Vitaminspritze, die Menschen wie auch Pferde gesund und ihre Leistungsfähigkeit auf hohem Niveau hält. Wie sollen sich Mitarbeiter an ein Unternehmen binden oder damit identifizieren, wenn sie dort nicht die seelische Nahrung bekommen, die sie für ihr Wohlergehen brauchen?

»Wer seine Mitarbeiter mit Peanuts abspeist, muss sich nicht wundern, wenn er von einer Horde Affen umgeben ist.«
(frei nach Klaus Kobjoll)

Reichlich Anerkennung geben

Es ist so einfach und leicht, und es kostet Unternehmen keinen Cent, Mitarbeitern genau das zu geben, was sie sich am meisten wünschen. Seitdem ich weiß, wie wichtig Mitarbeitern und Kunden die Wertschätzung ist, bin ich geradezu »korrupt« geworden: Ich verschenke überall Anerkennung und Wertschätzung, ich lasse jeden Mitarbeiter – auch jeden Kunden – wissen, für wie wertvoll ich seine Arbeit halte, und das nicht nur einmal jährlich, sondern sehr oft. Jeder soll wissen, dass das, was er tut, wichtig ist, dass es einen wichtigen Beitrag zum Gelingen des Ganzen leistet.

Stets Anerkennung zu geben, setzt ein hohes Maß an Aufmerksamkeit voraus – eine Aufmerksamkeit, die nicht auf Planzahlen, technische Machbarkeit oder Verfahrensabläufe gerichtet ist, sondern auf die Menschen im unmittelbaren Arbeitsumfeld.

Ich behaupte, dass durch meine Konzentration auf Wertschätzung inzwischen 60 bis 70 Prozent der Mitarbeiter in meinem Unternehmen voll engagiert mitarbeiten, und zwar auch die ganz neuen, die erst langsam ins System hereinwachsen. Es wäre ein Traum, wenn sich wirklich 100 Prozent aller Mitarbeiter voll einbrächten, aber man muss natürlich immer einkalkulieren, dass ein gewisser Anteil von Mitarbeitern sich von den übrigen »mittragen« oder »mitziehen« lässt. Es gibt immer Leute, für die ein Job eben nur ein Job ist und nicht mehr. Aber solche Leute sind niemals das Herz oder die Seele eines Unternehmens, sondern sie füllen nur eine Lücke aus unter denjenigen, die sich mit Herzblut engagieren.

Auch wenn in meinem Unternehmen nicht alle gleichermaßen engagiert sind, haben wir in den vergangenen Jahren durch die hohe Einsatzfreude der Mitarbeiter bereits viel erreicht und nehmen trotz der allgemeinen Konjunkturschwäche und der Krise im Baugewerbe eine Spitzenstellung am Markt ein. Je mehr wir dieses System pflegen, desto leichter finden Mitarbeiter, die zu uns passen, in die Firma. Und diejenigen, die nicht unsere Sprache sprechen, finden von allein den Weg aus unserer Firma wieder heraus.

Übung macht den Meister

Ehrlichkeit

Wie sollte nun eine Führungskraft vorgehen, die sich vorgenommen hat, ihren Mitarbeitern mehr Anerkennung und Wertschätzung zuteil werden zu lassen? Aller Anfang ist schwer, und ich gebe zu, dass ich selbst eine Weile geübt habe, bis ich es richtig konnte. Das Wichtigste ist, dass man sich als Führungskraft zuerst einmal selbst anerkennt und wertschätzt. Wer sich selbst nicht annehmen kann, kann auch andere nicht wertschätzen. Meist tragen wir noch irgendein »Liebesentzugsprogramm« aus dem Elternhaus mit uns herum, durch das wir uns mit den tadelnden und kritischen Augen unserer Eltern sehen. Das blockiert die Wertschätzung unserer eigenen Person und überträgt sich auf den Beruf, solange wir es nicht gelöscht und durch ein positives Programm ersetzt haben.

Anerkennung und Wertschätzung gegenüber Mitarbeitern muss ehrlich und aufrichtig gemeint, darf kein Lippenbekenntnis sein. Denn die Mitarbeiter nehmen unterschwellig die wirklichen Gedanken und Gefühle der Führungskraft wahr und bemerken einen falschen Ton in der Anerkennung. Geheuchelte Anerkennung bewirkt schlimmstenfalls das Gegenteil. Allein der Wille, Anerkennung und Wertschätzung zu geben, führt schon zur Konzentration darauf und lässt die Gelegenheiten dafür wachsen. Die grundsätzliche Zuwendung zum Mitarbeiter sollte nicht an Leistungsbedingungen geknüpft sein und sich auch nicht auf konkrete Leistungen beziehen, sondern der Person als solcher gelten.

Fünf Stufen

Es lassen sich fünf Stufen von der Wertschätzung bis zum Lob unterscheiden:

1. Im ersten Schritt geht es darum, den Mitarbeiter überhaupt wahrzunehmen, ihn zum Beispiel morgens zu begrüßen.

2. Auf der nächsten Stufe wird dem Mitarbeiter signalisiert: »Gut, dass du da bist, dass es dich gibt.«

3. Die dritte Stufe ist ein schlichtes Danke für die erbrachte Leistung. Es kann sein, dass allein das Wort »danke« im richtigen Tonfall mit dem richtigen Blick schon alles sagt. Es kann ein Händedruck, verbunden mit Blickkontakt, sein. Oder es kann die Hand auf der Schulter oder der aufrecht gezeigte Daumen sein.

4. Auf der vierten Stufe sagt man dem Mitarbeiter: »gut gemacht«; das ist schon höher zu bewerten als Wertschätzung, es entspricht einem Lob.

5. Auf der höchsten Stufe des Lobes sagt man dem Mitarbeiter »sehr gut gemacht, exzellent«.

Wer Stufe 1 für selbstverständlich hält, der verkennt die Situation in vielen Unternehmen. In der Tat haben viele Mitarbeiter das Gefühl, regelrecht übersehen zu werden, wie das folgende Beispiel zeigt.

Beispiel

In dem Baustoffunternehmen Transit Mix Concrete & Material Corporation gab es erhebliche Probleme: Die hohe Fluktuation der LKW-Fahrer führte zu ebenso immensen Kosten wie die vielen von ihnen verursachten Unfälle. Die Fluktuationsrate lag bei sage und schreibe 72 Prozent jährlich. Es wurde ein Berater – genauer gesagt: ein Psychotherapeut – beauftragt, für das Problem des Unternehmens eine Lösung zu finden.

Für die Unfälle fand er alsbald die Ursache: Die Laster transportierten eine Ladung, die hoch über die Fahrzeuge hinausragte, so dass sie schon beim kleinsten Fahrfehler umzukippen drohten. Infolge der hohen Personalfluktuation beherrschten die meist nur kurzfristig im Unternehmen beschäftigten Fahrer die LKWs nicht sicher genug, um solche Unfälle wirklich verhindern zu können.

Doch das wahre Problem lag hinter der materiellen Ursache. Der Berater stellte fest, dass zwischen der Firma und den Fahrern keine wirkliche Beziehung, kein Join-Up, bestand. Wenn die Fahrer morgens kamen, übernahmen sie die Lastwagen und fuhren los, ohne dass irgendjemand mit ihnen sprach. Ihre Anweisungen erhielten sie über CB-Funk von einem Fahrdienstleiter. Im Grunde wurden die Fahrer als Roboter betrachtet und behandelt. Sie hatten einfach ihre Fahrzeuge von A nach B zu fahren, ohne dass jemand Notiz von ihrer Arbeit oder von ihnen als Menschen nahm. Dementsprechend empfanden sie auch keinerlei Bindung an Transit Mix. Es interessierte sie nur, wann Zahltag war und wie viel sie bekamen. Bei der nächstbesten Gelegenheit, wenn ihnen ein besser bezahlter Job angeboten wurde, verließen sie das Unternehmen wieder.

Der Berater schulte nun die Führungskräfte darin, eine Beziehung zu ihren Fahrern aufzubauen, sie zunächst einmal wahrzunehmen und dann auch für ihre Arbeit anzuerkennen. Es begann damit, dass die Chefs jeden Morgen ihren Fahrern die Hand schüttelten, sie begrüßten und mit ihnen ein paar Worte über den Tagesplan verloren. So hielt langsam eine neue Führungskultur Einzug.

Da viele Fahrer Gastarbeiter waren und nur Spanisch sprachen, engagierte Transit Mix einen Sozialarbeiter, der ihnen und ihren Familien half, mit dem alltäglichen Leben im Land klarzukommen: von der Beantragung eines Stromanschlusses bis zur Anmeldung der Kinder in der Schule. Der Sozialarbeiter ging auch zu den Mitarbeitern bzw. deren Familien nach Hause und nahm sich dort der Probleme vor Ort an.

Die Tätigkeit des LKW-Fahrens war von der sozialen Stellung im Unternehmen her nicht besonders gut angesehen, worunter die Fahrer insgesamt litten. Das Unternehmen richtete daher einen Kurs für Berufsfahrer ein, der mit einer Prüfung abgeschlossen werden konnte. Bei dieser Gelegenheit lernten die Fahrer auch, die LKWs besser zu beherrschen und damit Unfälle zu vermeiden. Fahrer, die die Prüfung erfolgreich abgelegt hatten, bekamen einen Bonus, eine Gehaltserhöhung und ein Abzeichen für ihre Uniform. Mehr und mehr entwickelte sich auf diese Weise ein Elitebewusstsein unter den Mitarbeitern.

Die meisten Fahrer hatten ihr ganzes Leben lang in schlecht bezahlten und schlecht renommierten Jobs verbracht, und sie waren es nicht gewohnt, mit Wertschätzung und Respekt behandelt zu werden. Sie waren zuerst skeptisch gewesen, als ihr Boss ihnen jeden Morgen die Hand schüttelte, aber nach und nach betrachteten sie ihren Arbeitsplatz als sicher, und ihr Arbeitseinsatz erhöhte sich beträchtlich.

Die Teilnahme an den Kursen veranlasste die Fahrer, bei Transit Mix zu bleiben, und die Fluktuationsrate sank drastisch; bei denjenigen, die die Prüfung abgelegt hatten, lag sie sogar unter einem Prozent. Inzwischen ist das Unternehmen zu einem Modell für die ganze Branche geworden und arbeitet profitabler als je zuvor.

Das Beispiel zeigt, dass Führung eben auch heißt aufzupassen, dass niemand – besonders kein Schwächerer – hinten herunterfällt. Bei Transit Mix hatte alles schlicht damit begonnen, dass die schwächeren Mitarbeiter von den Führungskräften überhaupt erst einmal wahrgenommen wurden. Auf dieser Basis war das Unternehmen auch imstande, die Bedürfnisse und Wünsche der Mitarbeiter zu erkennen. Deren Erfüllung wiederum setzte bei den Fahrern die notwendigen Energien frei, die sie brauchten, um mit Begeisterung bei der Arbeit und beim Unternehmen zu bleiben. Ist gute Führung nicht im Grunde ganz einfach?

> »Ein Mensch fühlt oft sich wie verwandelt, sobald man menschlich ihn behandelt.«
>
> (Eugen Roth, Schriftsteller)

Mehr Aufmerksamkeit für Schwächere

In jeder Pferdeherde gibt es ein Tier, das sich gerne als Boss aufspielt und Unruhe unter seinen Artgenossen verbreitet. Es ist das Erste, wenn es Leckerbissen gibt, das Einzige im Schatten, wenn nicht für alle Schatten da ist, und dasjenige, das die anderen mit Drohungen und Bissen vom Futter vertreibt. Selten ist der Tyrann aber die Leitstute oder der Leithengst. Umgekehrt gibt es in jeder Herde auch eine arme, geplagte Kreatur, die immer zu kurz zu kommen scheint und die stets die Schikanen der anderen fürchten muss. In solchen Fällen muss der Führer auf eine ausgewogene Gruppenzusammensetzung achten und diese gegebenenfalls ändern, damit kein Tier zu kurz kommt oder von den anderen unterdrückt wird.

Es hilft oft schon, wenn der menschliche Führer hin und wieder das schwächere Tier besonders unterstützt, indem er zum Beispiel die Stärkeren am Futtertrog beiseite schiebt, um dem Schwächeren Platz zu machen. Die Übrigen registrieren dies häufig mit Erstaunen und Neugier, und es führt dazu, dass das schwächere Tier mehr Aufmerksamkeit und damit mehr Wertschätzung erfährt. In menschlichen Gruppen oder Teams verhält es sich ähnlich.

Es gibt in jedem Unternehmen Arbeitsplätze, die auf der Hierarchieleiter von ihrer Tätigkeit her weniger hoch angesehen sind als die Übrigen. Geradezu prototypisch dafür ist die Position der Putzfrau. Menschen, die in solchen Positionen arbeiten, bedürfen besonders der Anerkennung und Wertschätzung. In meinem Ingenieurbüro ist das ein Vermessungsgehilfe. Ihm vermittle ich immer, dass ich froh bin, ihn zu haben. Denn wenn er sich nicht engagieren würde, hätten die höher gestellten Ingenieure nichts zu tun. Der Kopf kommt nirgendwo hin, wenn ihn nicht die Füße dorthin tragen und dabei auch notfalls durch den Matsch waten. Unser Vermessungsgehilfe ist so flott und fleißig, dass er bei uns so viel verdient wie ein Mitarbeiter der nächsthöheren Stufe, also ein Bauzeichner.

Geben Sie allen Ihren Mitarbeitern das Gefühl, dass sie wichtig sind und gebraucht werden. Kümmern Sie sich darum, dass es allen gut geht und alle sich wohl fühlen. Schaffen Sie Situationen, in denen Ihre Leute stolz auf ihre Arbeit sein können. Dann können Sie mit Ihren Mitarbeitern Pferde stehlen.

Delegation

Eine weitere wichtige Voraussetzung, um Anerkennung geben zu können, ist Delegation. In meinem Betrieb delegiere ich sehr viel, weil es Etliches gibt, das meine Mitarbeiter besser können oder mit mehr Freude tun als ich selbst. Außerdem wissen sie: Sporen verdienen können sie nur dann, wenn sie die Dinge selbst tun, anstatt sie andere – zum Beispiel mich als den Chef – tun zu lassen. Die Verantwortung zu übernehmen, gibt ihnen die Gelegenheit, sich zu beweisen und Stolz zu entwickeln auf ihre Arbeit und ihre Leistung. Die Delegation ermöglicht es mir außerdem, mich nicht zu sehr ins Tagesgeschäft involvieren zu lassen und der Versuchung zu entgehen, als

»Sachbearbeiter« zu fungieren. Stattdessen erhalte ich die Möglichkeit, mich um andere Dinge – zum Beispiel um das Wohlergehen aller – zu kümmern.

Wertschätzung und Lob sollten als Rückmeldung immer zeitnah erfolgen, wenn eine Leistung erbracht worden ist. Kommen sie zu spät, so bewirken sie nichts mehr, weil der Mitarbeiter die ganze Zeit zuvor in der inneren Unsicherheit verbracht hat, ob sein Verhalten richtig, seine Leistung in Ordnung gewesen ist. Auch bei Pferden wird häufig der Fehler gemacht, sie zu spät für ihre Leistung zu loben. Man kann zum Beispiel oft beobachten, wie ein Reiter seinem Pferd bei der Siegerehrung anerkennend auf den Hals klopft, wenn ihm die Schleife angesteckt wird. Das Pferd versteht dies jedoch nicht als Wertschätzung für seine siegeswürdige Leistung, sondern dafür, dass es gerade im Augenblick stillsteht, während es die Schleife bekommt.

Mitarbeiterengagement und Kundenzufriedenheit

Towers Perrin kam im Laufe der im letzten Kapitel erwähnten Studien zur Mitarbeitermotivation auch zu dem Ergebnis, dass nachweislich ein Zusammenhang besteht zwischen dem Engagement der Mitarbeiter, der Kundenzufriedenheit und dem Unternehmensergebnis. Hoch motivierte Mitarbeiter bemühen sich stärker um die Zufriedenheit der Kunden – oder, wie ich es ausdrücke:

Wertschätzung führt zur Wertschöpfung. Aus der Wertschöpfung wiederum folgen Lebensfreude, Lebensqualität, Aufträge, gesunde Konten und mehr.

»Es dauert keine 14 Tage, dann werden Mitarbeiter ihre Kunden genauso behandeln, wie sie selbst von ihren Chefs behandelt wurden«, sagt Sam Walton, Begründer von Wal-Mart. Hier zeigt sich, wie wir den »War for Customers«, wie es neudeutsch jetzt oft heißt, gewinnen können: Kunden und damit Aufträge gewinnen Unternehmen dann, wenn sie zuvor ihre Mitarbeiter für sich gewonnen haben.

Leichter und müheloser lassen sich Aufträge nicht akquirieren, lässt sich das Unternehmensergebnis nicht verbessern als durch Anerkennung und Wertschätzung der Mitarbeiter!

Eine Fehlerkultur aufbauen

Die Kehrseite von Anerkennung, Wertschätzung und Lob ist die Kritik. Generell kann man sagen: Je unverkrampfter und lockerer in einem Unternehmen mit der einen Seite der Medaille umgegangen wird, desto unkomplizierter ist auch die andere Seite der Medaille. Für die Kritik von Fehlern gelten fünf Grundsätze:

- Das Feedback sollte genau wie bei Anerkennung und Lob immer zeitnah erfolgen,
- Kritik sollte in ein Sandwich zwischen anerkennende Worte verpackt werden,
- es sollte eine Gesprächssymmetrie zwischen Kritiker und Kritisiertem bestehen,
- Fehler sollten nicht vertuscht, sondern offen besprochen werden, über Fehler darf im Unternehmen herzhaft gelacht werden.

Zeitnahes Feedback

Jeder hat ein Recht auf Fehler – Mitarbeiter genauso wie Chefs und wie Pferde! Leider wird oft so getan, als ob Fehler eine absolute Ausnahme seien, weil sie eigentlich nicht vorkommen dürfen. Wenn sie dann trotzdem auftauchen bzw. ans Licht kommen, werden sie zu wahren Dramen hochstilisiert. Dies führt wiederum dazu, dass Fehler möglichst vertuscht werden, damit sie erst gar nicht auffallen – mit der Konsequenz, dass sie sich fortschreiben und schlimmstenfalls zu immer größeren Fehlern aufschaukeln.

Es gilt, den Umgang mit Fehlern generell zu entkrampfen und Fehler wie auch Kritik an ihnen als etwas Natürliches im Arbeitsprozess anzusehen. Die einzige Methode, Fehler zu vermeiden, ist nicht zu arbeiten.

Eine Führungskraft, die aufgrund einer gravierenden Fehlentscheidung eine Million Euro in den Sand gesetzt hatte, ging zum Chef und wollte kündigen. Der Chef aber sagte: »Um Gottes willen,

Sie können doch jetzt nicht kündigen! Wir haben doch gerade erst eine Million Euro in Ihre Weiterbildung investiert.«

Allgemein sollte Feedback, gleich ob nun positiver oder negativer Art, immer zeitnah erfolgen. Denn solange ein Mitarbeiter keine Rückmeldung erhält, befindet er sich immer in einem Zustand der Ungewissheit und fragt sich: »Habe ich es richtig gemacht? Oder habe ich etwas falsch gemacht? Müsste ich etwas verbessern?« Werden Fehler nicht beanstandet, so schleifen sie sich leicht ein und werden zu schlechten Gewohnheiten. Als eingefahrene Gewohnheiten sind sie wiederum sehr viel schwerer zu korrigieren als am Anfang beim ersten Auftreten.

Ungewissheit bei fehlender Rückmeldung

Auch bei Pferden ist es so, dass der menschliche Führer auf einen Fehler *sofort* reagieren sollte. Und sofort heißt bei einem Pferd: innerhalb von zwei Sekunden. Nur auf diese Weise kann das Pferd die Reaktion des Führers seinem eigenen Verhalten zuordnen. Erfolgt die »Kritik« zu spät, so versteht es sie nicht bzw. kann sie mit seinem Verhalten nicht in Verbindung bringen. Denn Pferde leben immer ganz im Hier und Jetzt, nicht in einer Vergangenheit, die schon ein paar Minuten, Stunden oder Tage vorbei ist.

Die Sandwich-Technik

Eine elegante Art und Weise, Kritik zu äußern, ist die Sandwich-Technik: Zuerst wird eine Anerkennung für eine gute Leistung ausgesprochen, dann wird Kritik geäußert, zuletzt wird noch einmal eine Anerkennung ausgesprochen. Die Kritik wird also zwischen Positives wie in einen Hamburger gepackt.

Ich selbst habe einmal den Fehler gemacht, die an sich einfache Sandwich-Technik grob zu missachten, indem ich einen Mitarbeiter in unserem Ingenieurbüro, einen Oberbauleiter, einfach nur kritisiert habe, ohne ihm etwas Positives über seine Arbeit zu sagen. Ich erlebte anschließend, wie der Mitarbeiter wochenlang in gedrückter Stimmung herumlief und darüber fast krank wurde. Zum Glück ist mir dann zu Bewusstsein gekommen, dass dies an meinem Verhalten ihm gegenüber bzw. meiner Art und Weise der Kritikäußerung lag.

Als ich ihm vermittelt hatte, dass ich nur in einer einzigen Sache mit ihm unzufrieden gewesen war, blühte er regelrecht auf und konnte wieder unbelastet an seine Arbeit gehen. Er hatte nämlich irrtümlicherweise geglaubt, dass ich generell mit seiner gesamten Arbeitsleistung unzufrieden war, weil ich ihm mit der Kritik keine Wertschätzung vermittelt hatte. Als er verstanden hatte, dass sich das vorangegangene Kritikgespräch nur auf 10 Prozent seiner Arbeit bezogen hatte, nicht auf 100 Prozent, konnte er endlich aufatmen. Wäre mir nicht rechtzeitig die Ursache für sein Verhalten aufgefallen, so wäre unser Oberbauleiter schlimmstenfalls in die innere Kündigung abgewandert.

Gesprächssymmetrie

Kritik sollte niemals an der Person geübt werden, sondern an der Sache. Dies ist oft eher eine Frage der inneren Einstellung, die eine Führungskraft zu ihren Mitarbeitern hat, als eine Frage der Wortwahl. Eine unsachgemäße Kritik vermittelt dem Mitarbeiter mehr oder weniger unterschwellig: »So und so bist du« und »du sollst dich ändern«. Dies kommt einer Kritik an der Person gleich. Der Kritisierte hat das Gefühl, be- bzw. verurteilt zu werden, und wahrscheinlich hat die Führungskraft die innere Einstellung, dass der Mitarbeiter inkompetent, unfähig oder schlecht ist.

Kritik an der Sache, nicht an der Person

Eine solche Kritik kommt nicht an oder wird vom Mitarbeiter zu Recht als »Fertigmachen« erlebt: Die Führungskraft erhebt sich über den Kritisierten, weil sie es angeblich besser weiß; der Mitarbeiter hat keine Wahl, er muss sich unterwerfen. Diese Art von Kritik ist entwürdigend, weil sie den Machtaspekt in den Vordergrund stellt. Der Mitarbeiter wird genötigt, sich zu ändern; er hat keine freie Wahl mehr, wie er reagieren möchte.

Um seine Würde zu wahren, bleibt dem Mitarbeiter dann nichts anderes übrig, als die Kritik abzulehnen; er geht in die Opposition. Äußerlich passt er sich wahrscheinlich an und stimmt oberflächlich dem Chef zu. Aber es fehlt an einer echten Gefolgschaft: Der Mitarbeiter folgt zwar geistig, aber weder emotional, noch körperlich – mit der Konsequenz, dass er sich in Zukunft nicht mehr ganz oder nur noch widerwillig einbringt und seine Leistungsbereitschaft wahrscheinlich drosselt. Wiederum haben wir die Situation, die ich schon mehrfach beschrieben habe: Die Freiheit des Mitarbeiters wurde missachtet, und die Führungskraft zahlt dafür einen hohen Preis – nämlich den, dass sich der Mitarbeiter nicht voll einbringt, auch wenn er »voll« bezahlt wird. Den Energieverlust spürt nicht nur der unzufriedene Mitarbeiter, sondern auch das Unternehmen – zuletzt auf dem Firmenkonto.

Bevor wir als Führungskraft einen Mitarbeiter kritisieren, sollten wir unsere innere Einstellung zu ihm überprüfen: Prinzipiell darf jeder so sein, wie er ist. Jeder ist in Ordnung, niemand muss sich »ändern«, nur weil eine Führungskraft es so will. Und niemand macht nur deshalb etwas »falsch«, weil er zum Beispiel arbeitsmethodisch »anders« vorgeht, als es der Chef in derselben Situation tun würde. Jeder hat ein Recht auf seinen eigenen Arbeitsstil. Häufen sich bei einem Mitarbeiter die Fehler, so ist er nicht »unfähig«, sondern wird wahrscheinlich in einem falschen Tätigkeitsfeld eingesetzt, wo er seine Talente nicht entfalten kann. Es gilt dann, eine andere Verwendungsmöglichkeit für den Betreffenden zu finden bzw. ihn mit anderen Aufgaben zu betrauen.

Innere Einstellung ändern

Eine der größten Freiheiten, die wir besitzen, ist die Freiheit, zu jeder Situation – und zu jedem Menschen – die eigene Einstellung zu wählen.

Eine auf die Sache anstatt die Person gerichtete Kritik sagt dem Mitarbeiter nicht: »So bist du«, sondern »so erlebe ich dein Tun«. Eine solche Kritik kann der Mitarbeiter viel leichter annehmen, weil er nicht das Gefühl haben muss, dass ihm von der menschlichen Seite her der Boden unter den Füßen weggezogen wird. Egal, was auch immer er tut oder getan hat, er bleibt als Mensch akzeptiert und respektiert. Dann ist es auch für ihn einfach, sein Verhalten zu ändern.

Zur Gesprächssymmetrie gehört ebenfalls, dass Führungskraft und Mitarbeiter gleichgestellt sind: Der Chef kann seinen Leuten sagen, was die Leute ihrem Chef ebenfalls sagen können. Man kommuniziert auf Augenhöhe miteinander anstatt von oben nach unten. Das ist möglich, wenn eine Unternehmenskultur des gegenseitigen Respekts und Vertrauens besteht.

Auf Augenhöhe kommunizieren

In unserem Ingenieurbüro ist es selbstverständlich, dass wir so miteinander umgehen. Meine Mitarbeiter versuchen, schon im Vorfeld, Fehler zu vermeiden, indem sie zum Beispiel die Meinung ihrer Kollegen oder meine Meinung zu ihrer Arbeit einholen, bevor das Arbeitsergebnis an den Kunden weitergereicht wird. Die Frage »Was hältst du davon?« ist dann die Aufforderung, Kritik zu äußern oder Verbesserungsvorschläge einzubringen, bevor die Arbeit »offiziell« beendet oder abgeschlossen wird. Auch so lassen sich fehlerhafte Leistungen vermeiden, wenn alle offen für Kritik sind und kein Drama daraus machen.

Erlaubnis zu Fehlern

In einer angstfreien Unternehmenskultur, in der Anerkennung und Lob, Respekt und Vertrauen vorhanden sind, brauchen Fehler nicht vertuscht zu werden – im Gegenteil. Fehler sind der Anlass zu lernen und sich zu verbessern.

> »Der Weg zum Erfolg ist der, die Fehlerquote zu verdoppeln.«
> (Tom Watson, ehemaliger IBM-Präsident)

Nicht das Fehlermachen ist das Problem, sondern das Fehlervertuschen. Nur die wenigsten Fehler sind absichtsvoll, also vorsätzliche Sabotage. Die meisten geschehen unabsichtlich aus Unkenntnis oder Unwissenheit; sie beruhen entweder auf simplen Missgeschicken oder auf Defiziten in der Leistungsfähigkeit des Mitarbeiters.

Fehler sind ein erstklassiges Lerninstrument, und viele neue Produktinnovationen sind sogar aus ursprünglichen »Fehlern« hervorgegangen. Systeme, die keine Fehler erlauben, sind irgendwann nicht mehr lernfähig. In solchen Fällen werden

- die Fehler vertuscht und unter den Teppich gekehrt,
- andere mit Schuldzuweisungen verantwortlich gemacht (das Schwarze-Peter-Spiel),

- die Fehler mit Richtlinien, Handbüchern und Bürokratie versuchsweise ausgeschaltet – bei gleichzeitiger Einengung der Handlungsfreiheit der Mitarbeiter.

All das sind Zeichen einer unterentwickelten Fehlerkultur, die nicht souverän mit Kritik umgehen kann. Wie kommt es, dass wir uns so schwer tun, mit Fehlern auf natürliche Weise umzugehen? Ich meine, es ist eine Frage der eigenen Selbsterkenntnis. Wer sich seiner eigenen Fähigkeiten nicht wirklich bewusst ist, nicht genau weiß, was er kann und ob er das, was er tut, wirklich gut beherrscht, der ist unsicher und erlebt Kritik als Infragestellen seiner Person – letztlich als Infragestellen dessen, ob er in seiner beruflichen Position wirklich am richtigen Platz oder vielleicht doch unterqualifiziert ist. So wird Kritik möglichst vermieden, weil man sich ja nicht in Frage stellen lassen und seinen Posten nicht aufgeben möchte.

Selbsterkenntnis

Der Aufbau einer Fehlerkultur muss von der Führungskraft ausgehen, denn sie wirkt immer als Vorbild für die Mitarbeiter. Zunächst einmal liegt es an ihr, sich ihrer eigenen Fähigkeiten bewusst zu werden. Wer seine eigenen Qualitäten kennt und wertschätzt, kann auch die der anderen wertschätzen. Und wer seine eigenen Leistungshochs gut kennt, kennt auch seine -tiefs; er kann diese ebenfalls leichter akzeptieren und hat mit Kritik weniger Probleme. Erleben Mitarbeiter, dass ihr Vorgesetzter souverän mit seinem eigenen Können wie auch seinem eigenen Unvermögen umgehen kann, so reagieren sie in ähnlicher Weise. Sie sehen, dass auch der Chef nicht vollkommen ist und zu seinen Schwächen steht. Das erleichtert es ihnen, ihre eigenen Schwächen ebenfalls anzunehmen. In einer asymmetrischen Position jedoch, in der die Führungskraft weit abgehoben über den Häuptern der Mitarbeiter schwebt, scheinbar alles weiß und sich unantastbar macht, wird keine souveräne Fehlerkultur entstehen.

Über Fehler lachen

Das beste Mittel, um Fehler im Unternehmen zu »verarbeiten«, ist Lachen. Es gibt Unternehmen, in denen der Fehler des Monats jedes Mal gefeiert wird. Lachen entkrampft und setzt blockierte Energien frei.

Wenn wir in unserem Ingenieurbüro eine Straße planen, besorgen wir uns vorher die Bestandspläne, um festzustellen, wo welche Kabel der Telekom, des Wasserwerks, des E-Werks und der Gasversorgung liegen. Dafür schreiben wir die Versorgungsträger an, damit sie uns die entsprechenden Pläne zuschicken – so auch in dem hier geschilderten Fall. Was aber ein Mitarbeiter nicht bedacht hatte, war, dass es unser Büro war, das die benötigten Wasserbestandspläne besaß, weil wir auch sein Bestandswerk pflegten. Wir forderten also das Wasserwerk auf, uns die Pläne zuzuschicken, die wir in unserem eigenen Hause hatten.

Flop

Aber nicht nur bei uns, sondern auch im Wasserwerk waren die Schlafmützen unterwegs. Das Wasserwerk forderte daher – ohne zu merken, was los war – die von uns angeforderten Bestandspläne wiederum bei uns an, nur um sie anschließend nochmals an uns zu schicken. Als dann die ganze Geschichte ans Tageslicht kam, gab es viel zu lachen. So etwas kann passieren, wenn Mitarbeiter neu im Unternehmen sind und noch nicht alle Kunden und Auftraggeber kennen. Auf jeden Fall ein Anlass zum Lachen und nicht für Kritik.

Die drei Dimensionen der Leistung

Leistung hat drei Dimensionen: Leistungsmöglichkeit, Leistungsbereitschaft und Leistungsfähigkeit. Leistungsmöglichkeiten zu schaffen, obliegt der Führungskraft bzw. der Unternehmensleitung, indem zum Beispiel die notwendigen Arbeitsmaterialien, die Arbeitsräume und die sonstige erforderliche Geschäftsausstattung zur Verfügung gestellt werden. Sind, vereinfacht gesagt, die Computer veraltet, das Büro kalt und die Wände dunkel, so sind die Leistungsmöglichkeiten der Mitarbeiter eingeschränkt. Leistungsmöglichkeiten lassen sich verhältnismäßig leicht verbessern, weil sie überwiegend auf der materiellen Ebene liegen.

Leistungsmöglichkeiten schaffen

Die Leistungsfähigkeit von Mitarbeitern ist gegeben durch ihre Ausbildung, ihre Intelligenz und ihre Gesundheit. Auf seine Leistungsfähigkeit hat einerseits der Mitarbeiter selbst Einfluss, andererseits aber auch die Führungskraft. Es gilt, den Mitarbeitern zu helfen, Barrieren (= Energieblockaden) aus dem Weg zu räumen – ihre eigenen inneren oder auch fremde, äußere Barrieren –, damit sie ihre Energien frei in ihre Arbeit fließen lassen können.

Leistungsfähigkeit verbessern

Räumt man dem Mitarbeiter beispielsweise Barrieren beiseite, indem man für seine Fortbildung sorgt, so verbessert sich auch dessen Leistungsfähigkeit (siehe dazu auch das Beispiel der LKW-Fahrer im Transportunternehmen).

Das dritte und entscheidende Moment ist die Leistungsbereitschaft, und die kann nur der Mitarbeiter selbst einbringen, niemand sonst. Die Führungskraft hat keinen Einfluss darauf, ob der Mitarbeiter wirklich leistungsbereit ist. Sie kann die Bereitschaft zwar fördern, indem sie die Leistungsmöglichkeiten auf einem hohen Niveau hält und ihren Anteil zur Leistungsfähigkeit beisteuert. Wenn jedoch der Mitarbeiter nicht »mitzieht«, so wird all das nichts nutzen.

Leistungsbereitschaft mitbringen

Man kann die Leistungsbereitschaft zwar schlimmstenfalls behindern, aber man kann sie nicht erzeugen, denn sie beruht auf einem freiwilligen Akt des Mitarbeiters.

Gottlob sind die meisten Mitarbeiter so »beschaffen«, dass sie tatsächlich leistungsbereit sind, wenn sie das bekommen, was sie motiviert: Anerkennung und Wertschätzung.

Alle künstliche Motivierung, alle »Schraubendreherei«, nützt eben genau darum nichts, weil sie auf die Leistungsbereitschaft abzielt, also ausgerechnet auf das, was der Mitarbeiter nur freiwillig mitbringen und worüber nur er entscheiden kann. Das Ergebnis der Schraubendreherei ist dann oft nichts weiter als eine *Behinderung* der Leistungsfähigkeit: Es werden Blockaden geschaffen, die die Energien der Mitarbeiter durch Druck oder Angst einengen oder falsch kanalisieren, zum Beispiel in Richtung Boni und Prämien. Diese Einschränkungen in der Leistungsfähigkeit führen wiederum zu Einschränkungen in der Leistungsbereitschaft, weil sie die Mitarbeiter unzufrieden machen. Wie wir es auch drehen und wenden, es zeigt sich immer wieder, dass wir an der Freiheit des anderen nicht vorbeikommen. Und wenn wir uns vorbeimogeln wollen, zahlen wir dafür den Preis, dass sich die Mitarbeiter letztlich doch nicht so engagieren, wie wir es gerne hätten.

Pferde- und Menschendressur

Führung ist Beziehung, das bedeutet außer der Pflege des persönlichen Kontaktes, dem Ausdruck von Anerkennung und Kritik auch, dass Mitarbeiter in die Entscheidungen der Geschäftsleitung, in Pläne und Ziele einbezogen werden wollen. Sie lassen heute nicht mehr über ihre Köpfe hinweg verfahren oder Entscheidungen treffen. Wir stehen als Führungskräfte heute – anders vielleicht als in der Frühzeit des Taylorismus – gebildeten und eigenständigen Mitarbeitern gegenüber, die intellektuell anspruchsvoller, geistig differenzierter und sachlicher informiert sind als früher; sie fordern ihre Mitspracherechte und die Selbstverantwortung für ihren Arbeitsbereich ein.

Die Beziehung zu den Mitarbeitern beruht – übrigens genauso wie die Beziehung zu Pferden – auf Gegenseitigkeit, nicht auf einer einseitigen Direktive. Ein erfahrener Reiter, der von seinem Pferd Folgsamkeit fordert, kann nicht nur Befehle geben, sondern muss auch sehr gut zuhören und auf die Signale des Pferdes achten; ebenso muss eine Führungskraft auf die Signale der Mitarbeiter achten und zuhören, was jeden Einzelnen motiviert. Das, was den Einzelnen motiviert, ist letztlich auch das, was ihm die Energie gibt, seine Arbeitsaufgaben bestmöglich zu erfüllen, und damit Leichtigkeit erzeugt.

Gegenseitigkeit

Wollen wir die Energie des Pferdes in die gewünschte Richtung lenken, müssen wir seine Kräfte erkennen und respektieren. Was passiert, wenn wir es nicht tun?

Ein junges Turnierpferd namens Winner wurde von einem Trainer mit harter Hand angefasst und gelenkt. Er war besonders stolz darauf, dass er dem Wallach gegenüber seine Dominanz ausspielen konnte und dieser stets so parierte, wie er es sich wünschte. Der Trainer machte in allen Dingen dem Tier unmissverständlich klar, dass er der Überlegene war. Ließ sich Winner zum Beispiel nicht einfangen, so jagte er ihn gnadenlos herum, bis er aufgab. Hatte er das Tier end-

Zähmung eines Pferdes

lich am Halfter, riss und schüttelte er so lange am Führstrick, bis es eine bestimmte Strecke in einem bestimmten Tempo rückwärts gegangen war und er glaubte, nun seinen Standpunkt klar genug gemacht zu haben. Blieb der Wallach beim Führen zurück, schlug er ihn mit dem Ende des Führstricks mehrfach auf den Rumpf und ließ ihn im Kreis herumgehen. Beging das Tier einen »Fehler«, war sofort eine Bestrafung fällig, bis die Reaktion des Pferdes in den Augen des Trainers annehmbar war. Auf diese Weise wurde Winner längere Zeit trainiert.

Nach einigen Monaten waren die Reaktionen des Wallachs zwar mechanisch, aber insgesamt so gut, dass der Trainer ihn in einer Show-Arena einem größeren Publikum vorstellen konnte. Das Tier war auf verschiedenen kleineren und mittleren Turnieren erfolgreich und erreichte oft den zweiten oder dritten Platz. Schließlich sollte Winner bei einem größeren Turnier mitmachen, bei dem auch potenzielle Käufer anwesend waren, die seine Reaktionen genau beobachteten.

Als es Zeit für seinen Auftritt war, ging das Pferd zunächst ganz ruhig in die Arena hinein – doch dann legte es aus heiterem Himmel eine »Rodeo-Vorstellung« hin, wie sie ein ungezähmtes, wildes Tier nicht besser hätte machen können. Anstatt vorzuführen, was er während des Trainings gelernt hatte und »gesittet« perfekte Übergänge zwischen Schritt, Trab und Galopp zu demonstrieren, legte Winner den Kopf zwischen die Vorderbeine und vollführte unkontrollierte wilde Bocksprünge. Es war nicht ganz klar, wer dabei mehr Lärm machte: das Pferd, das bei jedem Sprung (vergnügt?) quietschte, oder der Trainer, als er erst auf dem Pferdehals und anschließend mit zerrissener Hose im Dreck landete. Sobald der Trainer auf dem Boden lag, drehte Winner buckelnd und furzend drei übermütige Ehrenrunden – als wolle er allen endlich mal zeigen, was er von der ganzen albernen Dressur hielt. Überflüssig zu erwähnen, dass die potenziellen Käufer während der Vorstellung jegliches Interesse am Tier verloren hatten.

Man kann davon ausgehen, dass der Wallach nach seiner blamablen Vorführung – blamabel für den Trainer, nicht für das Tier – in die Kategorie der so genannten »Problempferde« eingereiht wurde. Winner wurde, wie es häufig der Fall ist, sicher von Besitzer zu Besitzer weitergereicht und kann von Glück sagen, wenn er jemanden gefunden hat, der noch in der Lage war, ihn zu führen. Denn mit seiner Rodeo-Vorstellung hatte er praktisch bekundet, dass das gesamte Training nutzlos gewesen war und er einen Rückschritt von einem zahmen zu einem wilden Pferd gemacht hatte. »Problempferde« dieser Art landen auch oft bei mir auf der Pferdekoppel. Sie verlangen viel Geduld, Liebe und Zuwendung, um sich führen zu lassen. Es ist nicht leicht, wieder einen Zugang zu ihnen zu finden, wenn sie Menschen erst einmal in die Kategorie »Raubtier« eingeordnet haben.

Problempferde

Was ist hier schief gelaufen?

1. Der Trainer hat dem Tier nicht seinen freien Willen gelassen, sondern es herumkommandiert und abgestraft. Das Pferd hatte niemals die Wahl, wie es reagieren wollte, sondern es wurde so lange in eine bestimmte Richtung bewegt und eingezwängt, bis es nur noch auf eine einzige, vom Trainer vorgegebene Weise reagieren konnte.

2. Der Trainer hat dafür unglaublich viel Energie eingesetzt und das gesamte Training mühevoll und beschwerlich gemacht. Das war kein »Pferdeflüstern«, das war »Pferdeschreien«. Schließlich war der Energieverlust nach dem Desaster in der Arena so hoch, wie er höher kaum hätte sein können; praktisch 100 Prozent des Trainings sind umsonst gewesen.

Erkennen wir nicht hier wieder die Parallelen zur Mitarbeiterführung? Wer glaubt, die Mitarbeiter nicht einbeziehen zu müssen und sie stattdessen herumkommandieren zu können, bekommt früher oder später die Quittung. Es mag sein, dass sie es wie Winner eine Weile über sich ergehen lassen, wenn ihre Freiheit auf diese Weise beschnitten wird. Es mag sein, dass sie genauso mechanisch wie Winner ihre Arbeitsaufgaben mit einem gewissen Erfolg herunterleiern, aber sie werden es stumpfsinnig, ohne Begeisterung, ohne Engagement und mit überflüssig hohem Energieeinsatz für die Führungskraft tun. Sie werden gefühl- und lieblos wie Maschinen ihre Arbeit abspulen, ohne sich über ihren Arbeitsbereich Gedanken zu machen oder wirklich einzubringen. Leichtigkeit und Freude stellen sich auf die-

Alptraumfirma

se Weise nicht ein, stattdessen wird das Unternehmen für die Mitarbeiter zur »Alptraumfirma«.

Im entscheidenden Moment, wenn es wirklich im Unternehmen oder im Umgang mit Kunden darauf ankommt, werden die »dressierten« Mitarbeiter genau wie Winner versagen. Sie werden ihre Grenzen deutlich machen und demonstrieren: bis hierher und nicht weiter. Sie werden also ihre Gefolgschaft aufkündigen, denn sie sind, wenn überhaupt, immer nur auf geistiger, aber niemals auf emotionaler Ebene der Führungskraft gefolgt, bis sie auch auf der körperlichen Ebene vollends ihren Dienst versagen. Sie praktizieren offene Leistungsverweigerung, nachdem ihre Leistungsbereitschaft schon zuvor eingeschränkt war.

Man kann Menschen wie auch Pferde zwar zur Mitarbeit treiben, aber eine herausragende, exzellente, erstklassige Leistung lässt sich auf diese Weise nicht erzwingen.

Wie leicht hätte es der Pferdetrainer haben können, wenn er dem Tier seinen Willen gelassen hätte! Wie mühelos hätte das Training verlaufen können, wenn das Tier in jedem Augenblick eine Wahl gehabt hätte! Und wie leicht können es sich Führungskräfte machen, wenn sie den freien Willen ihrer Mitarbeiter respektieren und sich als Partner verstehen!

Respekt: den anderen gelten lassen

Menschen (und Pferden) ihren freien Willen zu lassen, ist die erste Stufe des Respekts. Respekt beruht nicht auf Amtsgewalt, Macht oder Geld, sondern darauf, den anderen in seiner Einzigartigkeit gelten zu lassen. Dies ist zugleich die »ökonomischste« Form der Führung, denn sie bedarf keiner Muskelkraft und keiner Machtposition. Sie lässt den anderen einfach so gelten, wie er ist.

Respekt in der Herde

Die Pferde machen uns vor, wie das geht: Man hat festgestellt, dass bei der Rangordnung unter Pferden ein Unterschied besteht zwischen niederen und höheren Hierarchiestufen. Auf den unteren Stufen der Hierarchie sind die Mittel, die bei Rangordnungskämpfen eingesetzt werden, härter als auf den oberen Stufen. Unten wird gebissen, geschlagen und getreten; Pferde hingegen, die höher stehen, brauchen kaum mehr grobe Mittel einzusetzen, um ihre Position als Führer zu behaupten, und das, obwohl sie von ihrer Statur her oft schmächtiger und weniger kräftig sind als ihre Artgenossen. Dafür besitzen sie eine innere Stärke, die es überflüssig macht, auf Körperkraft zu setzen.

Wer den anderen respektieren will, muss in seine Welt eintauchen. Weil im Arbeitsalltag dafür oft wenig Zeit bleibt, sind gemeinsame Feiern oder Betriebsausflüge ein gutes Mittel, um die Welt der Mitarbeiter kennen zu lernen. Am Lagerfeuer während eines Betriebsausflugs erzählen mir zum Beispiel meine Azubis über die Welt, in der sie leben und die so ganz anders ist als meine. Indem ich ihnen zuhöre, verstehe ich, was sie bewegt, und erkenne nicht nur ihre Andersartigkeit, sondern auch ihre Einzigartigkeit. Das ermöglicht es mir ganz nebenbei, ihre Motivation und auch ihre Talente zu erkennen, so dass ich erkenne, wo und wie ich sie optimal im Betrieb einsetzen kann.

Wer den anderen respektiert, erhält als Führungskraft auch selbst Respekt, und zwar freiwillig und ohne Anstrengung. Denn wie man in den Wald hineinruft, so schallt es (fast immer) auch heraus.

Führung mit und ohne Vertrauen

Jemand, der »Ja« zu mir sagt und mir Respekt entgegenbringt, weil er meinen Respekt vor seiner Einzigartigkeit spürt, vertraut mir leichter. Vertrauen ist die zweite Stufe nach dem Respekt. Es ist zwar möglich, auch ohne Vertrauen zu führen, aber eine Führungskraft, die, ohne Vertrauen zu genießen, führt, hat spätestens dann ein Problem, wenn ein Führer auftaucht, dem die Mitarbeiter vertrauen. Und das braucht gar nicht immer eine andere Führungskraft zu sein, sondern kann sogar jemand aus den Reihen der Mitarbeiter sein. Vertrauen bedeutet, sich jemandem in der sicheren Gewissheit anzuschließen, dass der Betreffende weiß, wo es langgeht. Er genießt Respekt, weil man ihm zutraut, dass er vertrauenswürdig, kompetent, authentisch, integer und berechenbar ist.

In stressigen Situationen hält man sich an denjenigen, dem man vertraut, dem man am meisten zutraut, die Schwierigkeiten zu überwinden. Übrigens gibt es auch hier wieder eine Parallele zu den Pferden: Ist die Beziehung zwischen menschlichem Führer und Tier nicht wirklich gefestigt, so wird das Pferd in einer schwierigen

Situation nicht dem Menschen folgen, sondern einem seiner Artgenossen, häufig der Leitstute oder dem Leithengst.

Menschen reagieren anders, wenn sie sich verstanden, respektiert und anerkannt fühlen. Und Menschen können außerordentliche, herausragende Ergebnisse erzielen, wenn sie mit Würde, Respekt und Aufrichtigkeit behandelt werden und wenn man ihren freien Willen anerkennt. Sie können über sich hinauswachsen und ein Leistungsniveau erreichen, das sie selbst nicht für möglich gehalten hätten – und das alles ganz freiwillig und mit minimalem Energieeinsatz der Führungskraft.

»Je mehr Respekt du hast – für die Dinge die Wesen und die Personen, mit denen du dich umgibst und mit denen du umgehst – desto andersartiger und wirkungsvoller ist die Beeinflussung, die von dir ausgeht.«

(Michael Buchholz)

Im nächsten Kapitel werden wir uns ausführlicher mit Vertrauen beschäftigen.

6.
Vertrauen ist die stärkste Bindung

Was Vertrauen ist und wie es wirkt

Vertrauen und Glauben

Respekt und Vertrauen

Wenn ich Vertrauen mit Respekt vergleiche, so scheint mir Vertrauen von weicheren Faktoren geprägt zu sein. Beim Respekt schwingt noch die Autorität mit, also das gewichtige Ansehen, die machtvolle Geltung. Jemandem zu vertrauen bedeutet demgegenüber, jemandem zu glauben. Von der Wortbedeutung her gehört »Vertrauen« zu »treu« und bedeutet so viel wie »fest werden«. Vertrauen ist mit »glauben« verwandt, und »glauben« heißt in seiner ursprünglichen Wortbedeutung »für lieb halten«, »gutheißen«.

Glauben und Vertrauen repräsentieren also nicht, wie gemeinhin behauptet, den Bereich von Blindheit und Nichtwissen (»blindes« Vertrauen), also fast Blödheit, sondern eine klare Entscheidung für jemanden, den man mag. Daraus folgt:

Das Vertrauen von jemandem zu gewinnen, bedeutet, von ihm gemocht zu werden, weil er sich für mich entschieden hat.

Und diese Entscheidung hat er getroffen, weil er gemerkt hat, dass er sich auf mich verlassen kann. Der Weg des Vertrauens ist also gar nicht so undurchschaubar, wie oft vermutet.

Die Entscheidung zu vertrauen

Arbeite ich mit Pferden, so entscheide ich mich schnell, mir Respekt zu verschaffen, und zwar auf eine Art, die die Pferde verstehen und die sie bald Vertrauen fassen lässt. Arbeite ich mit Menschen, so entscheide ich mich schnell für den Weg des Vertrauens und gewinne auf diese Weise meist schnell an Respekt. Das ist ein Unter-

Pferdeflüstern. Bernd Osterhammel

ISBN: 3-527-50195-9

schied, aber das Ergebnis ist identisch. Ich tauche ein in die Welt dessen, mit dem ich mich beschäftige, habe Respekt vor seiner Einzigartigkeit, zolle ihm absolute Präsenz und gebe ihm Rückmeldung über das, was ist.

Bei Pferden wie auch bei Menschen ist es mir wichtig, dass sie sich freiwillig entscheiden, ob wir uns gegenseitig vertrauen und respektieren.

In meinen Seminaren lernen Führungskräfte innerhalb von zwanzig Minuten, ein frei laufendes Pferd – basierend auf Respekt und Vertrauen – zu führen. Sie lernen, ein Pferd zu respektieren, wie es ist, und ihm in einer Sprache, die es versteht, zu begegnen. Die Seminarteilnehmer lernen weiterhin, sich, dem Pferd und ihrem Auftreten zu vertrauen. Wenn es gelingt, kommt sofort Vertrauen und Respekt vom Pferd zurück. Durch das eigene Tun und das emotionale Erlebnis vergessen die Menschen dies nie wieder.

Den gleichen Führungskräften sollte es dann auch möglich sein, in kürzester Zeit mehr Vertrauen in ihre Firmen zu tragen. Auf diese Weise wird dann die Energie frei für andere Aufgaben.

Vertrautheit

Zeit ist heute ein wichtiger Faktor des Vertrauens geworden. Früher konnte sich Vertrauen aus Vertrautheit entwickeln. In der heutigen Zeit, die sehr schnelllebig geworden und von vielen kurzen Beziehungen geprägt ist, ist das jedoch kaum noch möglich. Würde man warten, bis eine Vertrautheit im Rahmen einer Zusammenarbeit entstanden ist, bevor man vertraut, so wäre in vielen Fällen die Arbeitsbeziehung schon wieder beendet, bis sich überhaupt Vertrauen aufgebaut oder eingestellt hätte. Zwar geht unser Alltagsverständnis immer noch davon aus, dass Vertrauen nur langsam wächst, dass es gleichsam als »Belohnung« gegeben wird, wenn der andere sich lang und intensiv genug bemüht hat, aber dieses Verständnis wird der heutigen Zeit nicht mehr gerecht. Daher plädiere ich für eine andere Vorgehensweise:

Vertrauen sollte von Anfang an gegeben, geschenkt, angeboten werden, also bereits am Beginn einer Beziehung. Das bedeutet: Vertrauen wird zu einer Entscheidung.

Ich entscheide mich als Führungskraft – und zwar schon dann, wenn eine Beziehung beginnt, also wenn zum Beispiel ein neuer Mitarbeiter in die Firma kommt – dafür, dem Menschen von Anfang an zu vertrauen. Ich warte nicht erst ab, bis sich eine Vertrautheit entwickelt hat oder bis eine Routine in der Zusammenarbeit entstanden ist.

Indem ich mich für den Mitarbeiter entscheide, mache ich es ihm leicht, sich auch für mich bzw. mein Unternehmen zu entscheiden. Der Sprung ins Vertrauen ist eine ermutigende Vorlage für den anderen, dessen Zuwendung ich gewinnen will, sich ebenfalls für Vertrauen zu mir zu entscheiden. Die Entscheidung des Mitarbeiters ist aber immer freiwillig, ich kann sie als Führungskraft nicht anordnen oder erzwingen, sondern nur ermutigen. Entscheidet sich der Mitarbeiter für mein Unternehmen, so wird die Zusammenarbeit zwischen uns leicht und mühelos; je schneller das geschieht, desto reibungsloser klappt das Zusammenspiel. »Eine stille Verabredung zur Vereinfachung der Welt« nennt Gertrud Höhler daher das Vertrauen. Durch die Entscheidung des Mitarbeiters für mein Unternehmen werden Energien freigesetzt. Der Mitarbeiter stellt sein Potenzial meinem Unternehmen uneingeschränkt zur Verfügung, weil er nichts befürchten muss und weil er weiß, dass er sich auf mich bzw. mein Unternehmen verlassen kann.

Von Anfang an

Wollen wir als Führungskräfte hoch effektiv, leicht und wirksam führen, so brauchen wir das Vertrauen unserer Mitarbeiter, und sie brauchen unseres. Wir brauchen die freiwillige Entscheidung für uns, unsere Firma, unsere Abteilung, unsere Ideen usw.

Auch wenn ich mich schnell für Vertrauen entscheide, dauert es etwa drei bis sechs Monate, bis eine beiderseitige Vertrauensbasis hergestellt ist. Bei Pferden geht es demgegenüber sehr schnell; ein Monat ist bei ihnen schon wie ein Jahr.

Vertrauen ist zwar nicht messbar, aber es schafft schneller und einfacher Werte als jedes Führungskonzept und jedes Controlling-System. Ohne Vertrauen ist keine Führung wirklich erfolgreich und lässt sich kein Unternehmen auf den turbulenten Märkten zukunftsfähig führen.

Diese Art des schnellen Vertrauens als Entscheidung von Anfang an erscheint vielen Führungskräften immer noch suspekt. Es ist ungewohnt, und es bedarf eines gewissen Maßes an innerer Gelassenheit und Stärke, um die Spannung zwischen Vertrauenserwartung und der Möglichkeit der Enttäuschung auszuhalten. Wir möchten zwar gerne, dass andere uns vertrauen – und sind manchmal sogar beleidigt, wenn jemand nur andeutet, dass er es nicht tut –, wollen aber umgekehrt selbst mit dem Vertrauen warten, bis sich der andere als »vertrauenswürdig« erwiesen hat. Wir wollen, dass der andere zuerst beweist, dass er unser Vertrauen auch tatsächlich verdient; wir wollen eine Vorleistung sehen, die uns zum Vertrauen ermutigt.

Das kostet Zeit – Zeit, die beide Seiten, Führungskraft wie auch Mitarbeiter, in der inneren Unsicherheit verbringen. Die Unsicherheit wiederum verzögert die Entscheidung des Mitarbeiters für das Unternehmen und verzögert auch den Zeitpunkt, ab dem er sich mit seiner Leistung voll einbringt. Denn er weiß ja noch nicht, ob es sich für ihn lohnt, sich zu engagieren, ob er seinen Vorgesetzten beim Wort nehmen kann und ob dieser auf seine Leistung wirklich baut oder (noch) nicht.

Aber letztlich kommen wir als Führungskraft nicht darum herum, uns für oder gegen Vertrauen zu entscheiden. Wir können die Entscheidung hinauszögern, indem wir beispielsweise erst ein halbes Jahr einen neuen Mitarbeiter beobachten, aber auch dann müssen wir aktiv entscheiden, ab wann und ob überhaupt die Vertrauensphase beginnen soll. Entscheiden wir uns nicht für Vertrauen, so entscheiden wir uns im Grunde dagegen; wir entscheiden uns also für Misstrauen.

Entscheidung für oder gegen Vertrauen

Wie wir es auch drehen und wenden, wir kommen um die Entscheidung als solche, zu vertrauen oder nicht zu vertrauen, nicht herum. Wir können sie verzögern, aber wir können sie nicht umgehen oder ausschalten. Von daher ist es am effektivsten, sich sofort für Vertrauen zu entscheiden. Denn damit ist die Basis für eine partnerschaftliche Zusammenarbeit zwischen Mitarbeiter und Führungskraft von Anfang an geschaffen.

Die einzige Möglichkeit, vertrauenswürdigen Menschen zu begegnen, ist zu vertrauen. Die einzige Möglichkeit, vertrauenswürdige Erlebnisse zu bekommen, ist, dem Leben zu vertrauen.

Vertrauen baut sich dann auf, wenn wir in einer Position sind, in der wir andere verletzen können, es aber nicht tun. Oder wenn wir jemanden vor etwas schützen, das als gefährlich gilt.

Als menschlicher Führer kann man auch Pferden vertrauen oder nicht. Ich erinnere mich an eine Geschichte, in der ein Reiter einmal seinem Pferd nicht vertraute und dafür Nachteile in Kauf nehmen musste. Ein Tier aus der Herde war verloren gegangen, und er wollte es suchen. Er ritt auf einem seiner Pferde in die Richtung, von der er annahm, dass er es dort finden müsste. An einer bestimmten Stelle gab es eine Abzweigung, und er hatte die Tendenz, den Weg bergauf zu nehmen, während sein Pferd ihm deutlich signalisierte, dass es den anderen Abzweig mit der ebeneren Strecke wählen wollte. Der Reiter hielt sich für schlauer als sein Pferd und zwang es, den unangenehmeren Weg bergauf mit ihm zu gehen. Er glaubte, sein Pferd wolle lediglich den bequemeren Weg wählen, weil es zu faul war, mit ihm auf dem Rücken bergauf zu laufen. Außerdem überlegte er sich, dass er oben auf der Bergspitze eine bessere Übersicht über das Gelände hatte und von dort vielleicht das verlorene Tier sehen könnte. Der Reiter hatte sich jedoch in jeder Hinsicht geirrt.

Pferden vertrauen

Der Ritt den Berg hinauf dauerte über eine Stunde länger, als er angenommen hatte. Als er endlich oben angekommen war, war es schon so dunkel, dass er nichts mehr sehen konnte. Den ganzen Weg hatte er also umsonst gemacht, so dass er wieder hinunterritt. Beim Hinuntergehen kamen sein Pferd und er wieder an derselben Abzweigung vorbei, und auf einmal hörte er überraschend in der Nähe ein leises Wiehern. Es stellte sich heraus, dass das verlorene Tier sich ganz in der Nähe der Abzweigung befand und dass er es innerhalb weniger Minuten gefunden hätte, wenn er dem Impuls seines Pferdes, die ebene Strecke zu wählen, vertraut hätte. Sein Pferd wusste, wo sein Artgenosse war, und wollte ihn instinktiv richtig dorthin führen. Der Reiter hatte sich jedoch nicht führen lassen, weil er sich als Mensch mit seinem Verstandesdenken für klüger gehalten hatte.

Wer nicht vertraut, muss Schwierigkeiten, Umwege und Wegverlängerungen in Kauf nehmen; wer vertraut, geht den leichteren und müheloseren Weg.

Definition von Vertrauen

Es sind vier Faktoren, die das Vertrauen im Wirtschaftsleben kennzeichnen:

- Kompetenz: das Wissen und Können, das wir jemandem zuschreiben, und die Fertigkeiten, die wir bei ihm annehmen; auch die Talente und Stärken, um dessentwillen wir jemanden einstellen;

- Wohlwollen: die Annahme, dass das entgegengebrachte Vertrauen nicht missbraucht wird, dass der andere uns nicht schadet;

- Integrität: die Annahme, dass der andere verlässlich und vorhersagbar handeln wird, dass er sich so verhält, wie wir es von ihm erwarten;

- Offenheit und Ehrlichkeit: die Annahme, dass der andere keine verdeckten negativen Absichten verfolgt.

Integrität

Diese Faktoren gelten stets für beide Seiten, also für die Führungskraft ebenso wie für den Mitarbeiter. Untersuchungen haben übrigens ergeben, dass Integrität dasjenige ist, dass sich Mitarbeiter am meisten von Teamleitern wünschen. Integrität ist der Einklang zwischen Werten und Verhalten, zwischen Sagen und Tun; Integrität erst schafft die Grundlage für Vertrauen und Respekt. Mit Integrität zu führen bedeutet, sich so zu verhalten, wie man es auch selbst von anderen erwartet.

Eine Definition von Vertrauen: Ich bin bereit, auf die (überflüssige) Kontrolle eines anderen zu verzichten, weil ich erwarte, dass der andere kompetent, integer und wohlwollend ist.

Vertrauen und Kontrolle

Vertrauen bedeutet nicht, auf jegliche Kontrolle zu verzichten. Es kann sein, dass ein Mitarbeiter die Kontrolle seiner Arbeitsleistungen noch benötigt, um seine Defizite zu erkennen und sich weiterzuentwickeln. Kontrolle kann also in Einzelfällen individuell durchaus sinnvoll und erforderlich sein. Die Anlegung eines breit angelegten Kontrollsystems für alle Mitarbeiter jedoch, wie es im letzten Teil dieses Kapitels beschrieben wird, widerspricht dem Grundgedanken des Vertrauens, weil es nach dem Gießkannenprinzip sämtlichen Mitarbeitern unzureichendes, imkompetentes oder unehrliches Verhalten unterstellt.

Vertrauen ist Kontrolle. Hier gilt: Die schwächsten Bindungen sind die stärksten.

Vertrauen ist ein Maß

Letztlich ist Vertrauen ein Maß, das sich zwischen den beiden Polen absoluten Vertrauens am einen Ende und absoluten Misstrauens am anderen Ende bewegt. Es ist in einem Unternehmen irgendwo zwischen den beiden Extremen angesiedelt. Ein totales Kontrollsystem für alle Mitarbeiter spricht für absolutes Misstrauen.

Für Misstrauen spricht zum Beispiel auch, alle Vereinbarungen und Verträge schriftlich festzuhalten. Vertrauensvoll hingegen ist es, sich mit mündlichen Vereinbarungen zu begnügen. Absolutes Vertrauen der Führungskraft bedeutet es, wenn sie Leute einstellen kann, die besser sind als sie selbst – auf die Gefahr hin, dass die Mitarbeiter merken, dass der Kollege etwas besser beherrscht als die Führungskraft selbst. Größtmögliches Misstrauen drückt es aus, wenn eine Führungskraft nur Leute einstellt, die einen Arbeitsbereich schlechter beherrschen als sie selbst, oder wenn die Beförderung und Weiterentwicklung besonders fähiger Kräfte nicht gefördert, sondern sogar hintertrieben oder bewusst verhindert wird.

Es gibt also ein breites Spektrum zwischen Vertrauen und Misstrauen, und jede Führungskraft muss für sich selbst entscheiden, wo sie ihr Vertrauensmaß ansetzt.

Sich selbst vertrauen

Dies wird letztlich auch davon abhängen, inwieweit sie sich selbst vertraut. Denn nur wer sich selbst vertraut, kann auch anderen vertrauen. Das genau ist der »Pferdefuß«, der über das Maß des tatsächlich geschenkten Vertrauens der Führungskraft entscheidet!

Vertrauen ist ein Maß zwischen zwei Polen

Vertrauen stärkt die Teamarbeit

Entlastung der Führungskraft

Jede Art von Vertrauen, besonders wenn sie in einer Beziehung von Anfang an gegeben wird, beinhaltet eine Unsicherheit über den Ausgang, einen produktiven Umgang mit Nichtwissen. Es ist ein Wagnis, ein Risiko, ein Vorschuss, weil es immer enttäuscht werden kann. Daher kann Vertrauen wie ein schwankendes Schiff im Sturm erscheinen. Auf der anderen Seite erweisen sich auf Vertrauen basierte Beziehungen jedoch als besonders verlässlich, so dass Vertrauen auch so stabil wie eine Festung anmuten kann und Geborgenheit gibt.

Beispiel

Wir haben mehrere sehr gute Kräfte in unserem Ingenieurbüro. Einen unserer Ingenieure hat die Konkurrenz monatelang abzuwerben versucht – vergeblich. Auch bei anderen Mitarbeitern ist es schon vorgekommen, dass sie Angebote von Wettbewerbern erhielten. Doch unsere Personalfluktuation liegt fast bei null. Der Zusammenhalt in unserem Unternehmen ist so groß, dass es für die Mitarbeiter keinen Grund gibt, die Firma zu verlassen. Sie vertrauen darauf, dass ihre Arbeitsplätze in unserem Ingenieurbüro sicher sind und sie sich auch weiterhin wie bisher einbringen können.

Seinen Mitarbeitern zu vertrauen bedeutet, sich als Führungskraft von ihrer Zustimmung, ihrer Leistung und ihrem größeren Können auf bestimmten Gebieten abhängig zu machen.

In einer hohen Vertrauenskultur ist es möglich, dass eine Führungskraft so handelt. Aus Erfahrung weiß ich, dass dies viel Leichtigkeit bringt. Meinen Mitarbeitern geht vieles einfach von der Hand, womit ich mich schwer tue. Dadurch, dass ich es sie machen lasse, werde ich entlastet und habe mehr Spielraum für andere Aufgaben im Unternehmen. Erst als ich angefangen habe, meinen Mitarbeitern rückhaltlos zu vertrauen, konnte ich meine Arbeitszeit von einer 60- bis 80-Stunden-Woche wieder auf ein normales Maß herabsenken. Ich muss nun meine Leute nicht mehr dauernd kontrollieren, ich muss ihnen nicht mehr in ihre Arbeitsbereiche hereinreden und alle Arbeitsschritte überwachen. Ich kann heute einem Mitarbeiter sagen: »Ich vertraue dir, dass du es besser machst als ich.« Aufgabe einer Führungskraft ist es eben nicht, die Probleme der Mitarbeiter zu lösen. Stattdessen vertraue ich darauf, dass sie ihren eigenen Qualitätsanspruch an sich und ihre Arbeit haben und aufrechterhalten.

Seinen Mitarbeitern Vertrauen zu schenken, setzt voraus,

- sie nicht als Problemverursacher zu sehen,
- sie generell für kompetent in ihrem Arbeitsbereich zu halten,
- sie nicht als Mittel zum Zweck zu sehen und
- sie als Menschen zu behandeln.

Selbsterfüllende Prophezeiung

Vertrauen ist eine selbsterfüllende Prophezeiung. Mitarbeiter, die als vertrauenswürdig behandelt werden, tendieren dazu, sich auch vertrauenswürdig zu verhalten, wie verschiedene Untersuchungen gezeigt haben. Denn wenn man jemandem vertraut, erzeugt man bei ihm ein starkes Gefühl für Verantwortung, eine Verpflichtung. Umgekehrt wirkt natürlich auch Misstrauen selbsterfüllend: Wer anderen nicht vertraut, der ist von Misstrauen umgeben. Misstrauen erzeugt genau jene Situation, die befürchtet wird.

Vertrauen verpflichtet. Wenn jemand nicht der Teufel ist, dann treibt ihn mein Vertrauen zur absoluten Ehrlichkeit.

Wenn Sie Ihren Mitarbeitern vertrauen, werden Sie erleben, dass Sie mit ihnen Pferde stehlen können. Und umgekehrt werden Ihre Mitarbeiter mit Ihnen Pferde stehlen wollen. Ist ein Vertrauensverhältnis erst einmal geschaffen, dann ist auf der menschlichen Ebene alles möglich; das heißt, es sind weitaus mehr Handlungsmöglichkeiten gegeben als ohne Vertrauen. Sie werden zum Beispiel erleben, dass auch im privaten Bereich eine gegenseitige Unterstützung selbstverständlich ist.

Pferde stehlen

Ein Mitarbeiter unseres Büros, dessen Ehe gescheitert war, sprach mehr und mehr dem Alkohol zu und verursachte im betrunkenen Zustand einen Autounfall. Nach dem Unfall lag er im Krankenhaus, sein Wagen hatte einen Totalschaden, und er musste seinen Führerschein abgeben. Er besaß keine Lebensmotivation mehr. Die Kollegen waren der Ansicht, wir müssten ihm alle zeigen, dass wir ihn bräuchten, um ihm wieder neuen Lebensmut zu geben. So beschlossen wir, ihm einen abgeschriebenen Firmenwagen, den wir eigentlich verkaufen wollten, zu schenken. Missgunst entstand daraufhin nicht bei den Kollegen, stattdessen haben sich alle gefreut, dass er wieder ein Auto bekam, das er beruflich dringend brauchte.

Gefährdeter Mitarbeiter

Wir entwickelten gemeinsam Ideen, wie wir ihn ansonsten auch moralisch unterstützen konnten. Jahre später war unser Mitarbeiter noch immer in unserem Ingenieurbüro beschäftigt – und lud die ganze Firma zur Hochzeit mit seiner zweiten Frau ein.

Zusammenhalt im Team

Vertrauen entlastet nicht nur die Führungskraft, sondern stärkt auch den Zusammenhalt im Team. Uns Menschen treiben zwei entgegengesetzte Verhaltensweisen an: Einerseits wollen wir uns abheben, besser sein und gut aussehen vor den anderen. Andererseits wollen wir aber auch eins sein mit allen anderen. Die zweite Verhaltensweise zeigt sich zum Beispiel bei Katastrophen: Als das Elbe-Hochwasser die Häuser wegspülte, waren Menschen aus ganz Deutschland vor Ort, um den »Nachbarn« uneigennützig zu helfen. In solchen Momenten geht es nicht darum, sich von anderen abzuheben, sondern

Diener eines größeren Ganzen zu sein. Man wird zum Teil eines Baumes und ist nicht mehr dieser Ast oder jenes Blatt.

Misstrauen macht die Stärke einer Gruppe, eines Teams zunichte, weil es Kooperation verhindert; Misstrauen führt zum Einzelkämpfertum, wo sich jeder nur noch von den anderen abheben und unterscheiden will und kein Gemeinschaftsgeist mehr entsteht. Vertrauen hingegen stärkt den Teamgeist. Im Team hat der andere dort seine Stärken, wo ich meine Schwächen haben darf – und umgekehrt.

Kooperation

»Jedes Mal, wenn wir ein Teammitglied stärken, dann stärken wir das ganze Team! Jedes Mal, wenn wir ein Teammitglied schwächen, dann schwächen wir das ganze Team.«

(Ralf G. Nemeczek, Berater und Autor)

Das ist so, weil jede Kette so stark ist wie ihr schwächstes Glied.

Vertrauen ist also das beste Mittel, um ein Team zu stärken. Und ein Team ist immer leistungsstärker als eine Reihe von Einzelkämpfern. Es entsteht eine potenzierte Power, die ein Einzelner niemals haben könnte. Aus zehn oder 20 Köpfen kommen mehr kreative Ideen und Problemlösungsvorschläge als aus einem oder zweien.

»Vertrauen schafft die Befriedigung, mit den richtigen Menschen unterwegs zu sein, für die sich jeder Einsatz lohnt: Wo jeder Achtung erfährt und Achtung gibt, wird jeder aufgewertet. Es entwickelt sich so etwas wie ›Vertrauenslust‹, die Sicherheit der Seiltänzer, die das Risikostadium überwunden haben.« (Gertrud Höhler)

Wirtschaftsfaktor Vertrauen

Vertrauen ist der Wirtschaftsfaktor schlechthin. Unternehmen verkaufen keine Produkte, sondern sie verkaufen Vertrauen. Das gilt besonders in der heutigen Zeit, in der sich die Produkte immer ähnlicher werden, so dass mehr und mehr immaterielle Motive über den

Kauf entscheiden. Noch entscheidender ist Vertrauen bei Dienstleistungen, die vor ihrer Erbringung nicht sichtbar sind.

Wie entscheidet der Kunde, ob er ein Produkt oder eine Dienstleistung kaufen will? Er fragt sich insgeheim, ob er dem Unternehmen vertrauen kann. »Das Unternehmen« ist aber nur ein Abstraktum; im Grunde entscheidet er, ob er *dem jeweiligen Mitarbeiter,* mit dem er in der betreffenden Firma zu tun hat, vertrauen kann. Der Mitarbeiter arbeitet aus Kundensicht nicht für das Unternehmen, sondern er *ist* das Unternehmen. Hält der Kunde also den Mitarbeiter für vertrauenswürdig, so kauft er.

Unternehmen = Mitarbeiter

Herrscht im Unternehmen ein Klima von Misstrauen, in dem sich die Mitarbeiter untereinander und die Chefs den Mitarbeitern nicht vertrauen und in dem übermäßige Kontrolle herrscht, so bekommen dies natürlich auch die Kunden mit – und sie werden sich dementsprechend entscheiden, dort nicht zu kaufen, wenn sie die Wahl zwischen verschiedenen Anbietern haben.

Das Vertrauen, das wir als Führungskräfte unseren Mitarbeitern entgegenbringen, überträgt sich auf die Kunden und führt dazu, dass sie lieber bei unserer Firma als bei einer anderen kaufen. Vertrauen stärkt die Wirtschaftskraft einer Firma.

Die ökonomische Bedeutung des Vertrauens wurde in mehreren Untersuchungen sogar auf der Ebene ganzer Länder von Paul Zak und Stephen Knack, Wirtschaftsforscher und Ökonomen bei der Weltbank, untersucht. Sie stellten fest: Eine Zunahme des generalisierten Vertrauens – also des allgemeinen Vertrauensklimas – in einem Land um 15 Prozent führt zu einem Wirtschaftswachstum von einem Prozent. Außerdem steigt mit dem Vertrauen auch das Bruttosozialprodukt pro Kopf.

Vertrauen auf Staatsebene

Länder mit dem geringsten generalisierten Vertrauen, wie Peru und Brasilien, gehören zugleich zu den ärmsten Staaten. Über das weltweit höchste Vertrauen verfügen die skandinavischen Länder, die zugleich auch die reichsten sind. Interessanterweise gibt es eine Parallele zwischen Vertrauen und Korruptionsindex. Denn die ärmsten Länder sind wiederum auch die mit der höchsten Bestechungsrate.

Ein allgemeines Vertrauensklima in einem Staat fördert ökonomischen Wohlstand und Wachstum.

Der Rückgang des Wirtschaftswachstums in Deutschland ist ein Spiegel, der uns zeigt, wie sehr es hier in den Unternehmen an Vertrauen mangelt. Mehr Vertrauen würde nicht nur die Unternehmen, sondern unser ganzes Land wachsen lassen.

Vertrauensmissbrauch

Wenn ein Mitarbeiter neu in unser Unternehmen kommt, erkläre ich ihm schon beim Eintritt unsere hohe Vertrauenskultur. Ich sage ihm klar: »Ich vertraue Ihnen« und frage ihn, ob er sich vorstellen kann, dass er mit seinen Kollegen auf solch vertrauensvolle Weise umgeht. Nichtsdestotrotz ist es unvermeidlich, dass Vertrauen gelegentlich enttäuscht wird. Auch mir ist das schon passiert.

Baron von Münchhausen

Einer unserer Auszubildenden, der erst zwei Wochen bei uns war, fragte uns, ob er sich unseren Firmenwagen ausleihen könnte, um seinen Vater, der einen schlimmen Herzinfarkt erlitten hätte, vom Krankenhaus abzuholen. Er wolle wirklich nur den Vater mit dem Wagen nach Hause fahren, sonst nichts. Der Wagen, ein Ford Focus, war nagelneu, aber angesichts der Situation des jungen Mannes und seines Vaters liehen wir ihm das Auto.

Am gleichen Abend wurde unser Azubi weit entfernt von zu Hause in der Fußgängerzone in Gummersbach gesichtet; der Strafzettel, den wir anschließend für falsches Parken bekamen, dokumentierte dies. Außerdem war das Autotelefon blockiert, seit der junge Mann mit dem Wagen gefahren war, was darauf hindeutete, dass er versucht hatte zu telefonieren und dabei dreimal eine falsche Pin-Nummer eingegeben hatte. Wir mussten uns eines zeitaufwändigen Verfahrens zur Freischaltung des Telefons unterziehen.

Schließlich tauchte drei Tage später der Vater unseres Azubis putzmunter und gesund in unserem Büro auf, um seinen Sohn abzuholen. Wir fielen fast aus allen Wolken und erkundigten uns natürlich nach seinem Wohlbefinden. Als dann der junge Mann von zwölf Tagen in der Berufsschule nur drei dort gewesen war – wobei er jedem, der ihn fragte, eine andere Geschichte für sein Fehlen auftischte – entschieden wir uns, dass es so nicht weitergehen konnte. Der Azubi erhielt zunächst eine Abmahnung, und als sich seine fantasievollen Lügengeschichten fortsetzten, wurde er schließlich nach einer weiteren Abmahnung gekündigt. Wir mussten einsehen: Unser Lügenbaron von Münchhausen, der uns so gerne einen vom Pferd erzählte, sprach einfach nicht unsere Sprache. Er hatte unsere Vertrauenskultur nicht verstanden und nur versucht, sie zu seinem Vorteil auszunutzen. Das konnten wir nicht dulden, ohne unsere Vertrauenskultur zu gefährden.

Schlimmer noch war der Fall eines betrügerischen Ehepaars, das in einer höheren Position bei uns angestellt war. Das Paar leitete die Abteilung Kanalbau, die die stärkste gewesen war, bevor sie bei uns eingestellt wurden. Zwischen den beiden entwickelte sich nach einiger Zeit ein heftiger Ehekonflikt; es tobte sozusagen der »Rosenkrieg« in unserem Unternehmen, was natürlich auch die Kollegen und wir als die Chefs mitbekamen. Über Monate hinweg führte ich daher stundenlange Gespräche mit den beiden, um ihnen zu helfen, aus ihrer Ehekrise herauszukommen. Ich hielt sie für wertvolle Mitarbeiter, die ich nicht verlieren wollte.

Schwarzarbeit in der Arbeitszeit

Derweil ging es mit unserer einst herausragenden Abteilung immer weiter abwärts. Projekte gingen nicht mehr an die Kunden heraus oder hatten übermäßig lange Liegezeiten im Unternehmen; nach ihrer Fertigstellung waren sie dann außerdem noch fehlerhaft. Oft wurde der Abschlussbericht für ein Projekt monatelang hinausgezögert, so dass wir keine Rechnung schreiben konnten und die Gelder bei uns ausstanden.

Zunächst schrieb ich diese Versäumnisse dem Ehekonflikt zu, bis dann durch Zufall herauskam, was die beiden wirklich in ihrer Arbeitszeit trieben. So uneinig sie sich auch in ihrer Beziehung waren, so einig waren sie sich doch anscheinend darüber, ihre Arbeitszeit vorwiegend für fach- und firmenfremde Angelegenheiten zu nutzen. Wir bemerkten, dass die beiden über unsere Firmencomputer und während der regulären Dienstzeit sehr viel Schwarzarbeit erledigten, mit der sie uns auch noch Konkurrenz machten. Zu allem Überfluss managten sie außerdem einen Männergesangsverein und einen Sportverein, wofür sie wiederum unsere Computer benutzten.

Die beiden erhielten eine fristlose Kündigung. Nach den üblicherweise positiven Zeugnissen fanden sie eine neue Anstellung. Die Mitarbeiter im Büro waren erleichtert über die Kündigung des

Ehepaars, denn ihr Auftreten war von allen als belastend empfunden worden. Die beiden waren in einem Klima, in dem es sonst um ein ehrliches Miteinander geht, aus dem Rahmen gefallen. Wir stellten für den Kanalbau zwei neue Mitarbeiter ein, die die Abteilung nach ein bis zwei Jahren wieder zur stärksten in unserem Hause machten.

Es kann vorkommen, dass wir von Menschen enttäuscht werden, dass unser Vertrauen missbraucht wird. Dies ist jedoch kein Anlass, grundsätzlich niemandem zu vertrauen. Wer mit vorauseilendem Misstrauen allen Enttäuschungen zuvorkommen will, erlebt die große Enttäuschung, dass niemand ihm mehr traut.

Es gibt eine Art Ethik der zweiten Chance: Wenn jemand mein Vertrauen missbraucht hat, gebe ich ihm eine neue Chance, mache ihm also ein neues Vertrauensangebot, so auch im Fall des Azubis und des Ehepaars. Erweist sich der Betreffende dann als vertrauenswürdig, so ist das Vertrauen dauerhaft wiederhergestellt. Kommt es aber zu weiteren Vertrauensmissbräuchen, so müssen die nötigen Konsequenzen gezogen und der Betreffende gegebenenfalls entlassen werden.

Zweite Chance

Ich vertraue, und ab und zu werde ich enttäuscht, aber das nehme ich in Kauf. Mir wird vertraut, und ab und zu enttäusche ich leider, aber ich arbeite an mir.

Übermäßige Kontrollen lähmen ein System

Es gibt viele Unternehmen, in denen so etwas wie eine zweite Chance offenbar nicht existiert. Vielmehr wird von Anfang an eine Verdachts- und Misstrauens-Unkultur etabliert. Oder es wird schon beim kleinsten Vertrauensmissbrauch ein kompliziertes Kontrollsystem etabliert, das alle Mitarbeiter gängelt, obwohl nur Einzelne oder sogar nur ein Einziger das Vertrauen missbraucht haben oder hat. 99 Prozent der Mitarbeiter werden dann für etwas abgestraft, das von 1 Prozent falsch gemacht wurde. Das ist nicht angemessen.

Misstrauens-Unkultur

Eine Misstrauens-Unkultur geht davon aus, dass Menschen ihre Arbeit grundsätzlich nicht gerne oder nicht engagiert tun oder dass sie gar vorsätzliche Betrüger sind. Man glaubt daher, Mitarbeiter müssten stets überwacht werden, und es müsse an ihnen »herumgeschraubt« werden, damit sie ihr Bestes geben. Wir erkennen darin den menschenverachtenden Gedanken des Taylorismus wieder, den wir schon im ersten Kapitel angesprochen haben.

Material- und Zeitmissbrauch

Wir müssen davon ausgehen, dass ein gewisser Vertrauensmissbrauch immer anfällt und sich nicht generell verhindern lässt. Auch in unserem Unternehmen, das eine hohe Vertrauenskultur hat, kalkuliere ich stets ein paar Prozent Missbrauch ein, zum Beispiel in Form von unnötigen Ausgaben oder »Schwund« eingekauften Materials. Nicht immer ist es böswillige Sabotage, sondern manchmal auch nur Gedankenlosigkeit, die zum Vertrauensmissbrauch führt. Denn die Bewusstseinsgrenzen beim Vertrauen sind einfach bei jedem Menschen anders gesetzt.

Wir erhielten einmal eine Telefonrechnung in geradezu utopischer Höhe. Zunächst konnten wir die Ursache dafür nicht finden, denn offensichtlich hatte niemand von den Mitarbeitern übermäßig lange oder oft telefoniert. Schließlich kamen wir dahinter, dass unsere russlanddeutsche Reinigungskraft, als sie alleine im Büro war, lange Telefonate in ihre Heimat geführt hatte. Wir mussten bei ihr erst das Bewusstsein dafür wecken, dass es sich dabei um Diebstahl und um einen Missbrauch unseres Vertrauens handelte. Denn in ihrem Land war es üblich, dass »das System« seine Bürger betrog, so dass es die Bürger für selbstverständlich hielten, ihrerseits das System auszutricksen – vornehm ausgedrückt nennt man das bekanntlich »organisieren«. Es war für sie selbstverständlich, so zu handeln; sie kannte es aus Russland nicht anders.

Gigantische Telefonrechnung

Wir machten ihr klar, dass »das System« in Deutschland und speziell in unserer Firma anders funktioniert. Wir haben nicht die Absicht, unsere Mitarbeiter zu betrügen oder sie um die wohl verdienten Früchte ihrer Arbeit zu bringen; umgekehrt erwarten wir dann aber auch, dass sich die Mitarbeiter gegenüber der Firma fair und ehrlich verhalten und das Unternehmen nicht als »Selbstbedienungsladen« betrachten. Es war eine Lernaufgabe für unsere Putzfrau, und nach einer Weile schließlich hat sie »unser System« verstanden und akzeptiert.

Bei anderen Unternehmen, die von der Größenordnung her mit dreißig Mitarbeitern mit unserem vergleichbar sind, wird allein für die Bevorratung und den Einkauf des Materials schon eine Halbtagskraft beschäftigt. Man versucht, sich damit gegen Klau und Klemm abzusichern: Die Vorratsschänke bleiben fest verschlossen, Materialien werden nur nach Ausfüllen eines Antrags bestellt und herausgegeben, bei den Telefonen sind nur bestimmte Nummern für die Direktanwahl freigegeben usw. Eine solche Halbtagskraft zur Materialbeschaffung und -kontrolle schenken wir uns! Jeder kann selbst seine Materialbestellungen aufgeben, ohne diese vorher von irgendjemandem kontrollieren oder absegnen zu lassen. Jeder kann frei telefonieren und hat auch die Schlüsselgewalt über alle Räume in der Firma. Dies ist in einer Vertrauenskultur wie der unseren selbstverständlich.

Keine Materialkontrolle

Weil jeder selbst verantwortlich ist, entsteht mehr Freiraum für den Einzelnen. Wir ersparen uns mit der unnötigen Halbtagskraft nicht nur überflüssige Personalkosten, sondern stecken die gewonnene Energie lieber in die Beschaffung neuer Aufträge anstatt in die Kontrolle der Mitarbeiter.

Weniger erfolgreiche Mitbewerber in unserer Branche wie auch in anderen sehen das anders. Speziell einer unserer Konkurrenten hat ein umfassendes Controlling-System etabliert, um genau festzustellen, welcher Ingenieur an welchem Bauprojekt wie viele Stunden gearbeitet und wie viel Geld dafür ausgegeben hat. Jede Woche wird dies genau ausgewertet, um festzustellen, wer unter den Mitarbeitern der Stundenkönig und wer der Stundengräber ist.

Der Stundengräber

Dies hat unter den Mitarbeitern zu einer Atmosphäre von Angst und Druck geführt, in der jeder nur für sich allein arbeitet und bereits ein Konkurrenzkampf untereinander entbrannt ist. Natürlich will niemand aus seinen Projekten ein Stundengrab machen, sondern alle wollen am Wochenende gut dastehen. Um sich abzusichern, verwenden die Mitarbeiter 20 bis 25 Prozent ihrer Arbeitszeit nur darauf, das Controlling-System auszutricksen. Sie »bunkern« zum Beispiel schon mal vorsorglich Stunden für bestimmte Projekte und tragen eine Zeitreserve dafür ein, selbst wenn sie diese Zeit dafür nie benötigen. Hauptsache, ein anderer steht nachher als Stundengräber dumm da.

Die Mitarbeiter sind unzufrieden in dem Betrieb und haben vielfach schon innerlich gekündigt. Fast alle schreiben Bewerbungen, um in einem anderen Ingenieurbüro unterzukommen – Bewerbungen, die dann unter anderem auch auf meinem Schreibtisch eingehen. Der Chef hat bisher noch nicht gemerkt, dass nicht seine Mitarbeiter, sondern er der Stundengräber seines Unternehmens ist!

In der Tat ist es so, dass in einem Ingenieurbüro der Zeiteinsatz für ein Projekt über dessen Rentabilität entscheidet. Auch wir halten in groben Zügen nach, wie viel Zeit in ein Projekt hineinfließt, aber es gibt kein ausgeklügeltes Controlling-System und niemandem wird die »rote Karte« gezeigt.

Projekte ohne Gewinn

Wir wickeln sogar Projekte ab, bei denen wir von vornherein wissen, dass sie nach der Honorarordnung keinen Gewinn bringen; insofern ist es dann müßig, auch noch die investierte Zeit zu kontrollieren. Warum übernehmen wir solche Aufträge? Weil wir davon ausgehen, dass der neue Kunde, den wir durch ein solches Projekt gewonnen haben, uns später noch profitablere Aufträge bringen wird.

Bei uns werden alle Projekte gleich gut und engagiert abgewickelt. Wenn ein Projekt nicht zur Ernte zählt, weil unter dem Strich kein Gewinn dabei herauskommt, dann zählt es eben zur Saat – weil es eine Investition in ein späteres, profitableres Projekt ist.

Inzwischen haben wir dadurch als Ingenieurbüro in der Region auch den Ruf gewonnen, kompetent für schwierige Projekte zu sein, um die sich andere Büros lieber herumdrücken. Das bringt uns langfristig mehr Kunden und Aufträge ein, als es ein kurzfristig agierendes Controlling-System tun würde. Auch dies ist ein kleiner Baustein zur Marktführerschaft, die wir in unserer Region aufgebaut haben.

Nachteile von Kontrolle

Unter dem Strich haben Kontrollsysteme mehr Nachteile als Vorteile, egal wie nun die Art der Kontrolle im Einzelfall aussieht:

- Kontrolle, zum Beispiel in Form von Bürokratie, Verordnungen und Regelsystemen, deckelt die Mitarbeiter in ihren Handlungs- und Entfaltungsmöglichkeiten und lässt »die Flöhe niedrig hüpfen«.

- Kontrolle erstickt Kreativität und lähmt die Ideenentfaltung, denn kreative Prozesse lassen sich nicht durch Kontrollmechanismen regeln oder anstacheln.

- Kontrolle zentralisiert die Verantwortung bei einigen wenigen, den Chefs, während die Mehrheit der Mitarbeiter unterverantwortlich und ohnmächtig bleibt. Mitarbeiter werden niemals zu gleichberechtigten Partnern der Führungskraft, sondern bleiben unselbstständige Ausführungslakeien mit geringen Handlungsbefugnissen.

- Kontrolle lähmt den Informationsfluss im Unternehmen, denn aus Angst, etwas Falsches zu tun, oder um des eigenen Vorteils als Einzelkämpfer willen behält jeder seine Informationen für sich und gibt nur das Allernotwendigste weiter.

- Kontrolle führt dazu, dass die Mitarbeiter unnötig viel Zeit mit Beiläufigkeiten vertrödeln, die nicht zur eigentlichen Arbeitsleistung gehören. So verwenden die Mitarbeiter zum Beispiel einen Teil ihrer Arbeitszeit darauf, für sich persönlich »Absicherungssysteme« zu konstruieren, um bei Kontrollen nur positiv aufzufallen. In der Arbeitszeit ist man nicht auf die Arbeit fokussiert, sondern zersplittert seine Energien in nebensächlichen Abläufen.

- Kontrolle führt dazu, dass alle Prozesse an Tempo verlieren und stocken: Die Überwachten werden verschwiegener und intransparenter, sie verlieren an Motivation, Arbeitszufriedenheit und Einsatzfreude.

- Kontrolle zieht dem Unternehmen und den Mitarbeitern Energien ab. Und das schlägt sich in letzter Konsequenz in geringerer Produktivität, schleppenderer Auftragsakquise und -abwicklung sowie in niedrigeren Gewinnen nieder.

Fazit: Kontrolle bewirkt, dass sich das Unternehmen beschwerlich und mühevoll, schleppend und nur mit Reibungsverlusten bewegt. Kontrolle saugt Energien ab – letztlich die Gewinne auf dem Firmenkonto.

Vertrauen hingegen bewirkt, dass es sowohl für die Führungskräfte als auch für die Mitarbeiter leicht und mühelos wird, dass die Arbeit Freude macht und die Kunden fast automatisch angezogen werden. Vertrauen setzt Energien frei – und ermöglicht höhere Gewinne.

Man könnte es auch so ausdrücken: Offensives, von vornherein und generell allen Mitarbeitern geschenktes Vertrauen hat keinen »naiven«, sondern vielmehr einen strategischen Charakter – strategisch im Sinne von erfolgsverursachend für das Unternehmen.

Vertrauen Sie Ihren Mitarbeitern! Das bringt Sie Ihrer Traumfirma oder Traumabteilung einen Schritt näher.

»Unter dem Motto ›Vertrauen‹ ist die gesamte Arbeitsmoral, die Motivationslage und der Leistungsanspruch der Firma schnell und transparent abgehandelt.«

(Gertrud Höhler)

7.
Talente erkennen, fördern und entfalten

Talente sind Erfolgskatalysatoren

Menschen wie auch Pferde haben ganz unterschiedliche Talente, Fähigkeiten und Begabungen. Ein Pferd in etwas zu trainieren, für das es sich nicht eignet, funktioniert genauso wenig, wie einen Mitarbeiter für eine Aufgabe einzusetzen, für die er keine Eignung mitbringt. Das ist zwar einsichtig, dennoch habe ich Jahre gebraucht, um es wirklich zu verstehen und dann meine Erkenntnis aus der Pferdeführung auch in die Praxis der Mitarbeiterführung umzusetzen.

Führungskräfte neigen dazu zu glauben, Menschen müssten so sein, wie sie sein sollen oder wie man sie gerne hätte; sie sind jedoch so, wie sie sind und nicht anders. Dagegen anzukämpfen ist reine Energieverschwendung. Diese Erkenntnis ist oft schmerzlich und führt auch zu Ärger und Unduldsamkeit. Führungskräfte vermitteln ihren Mitarbeitern dann mehr oder weniger unterschwellig: »Du sollst dich ändern« oder »ich ärgere mich, weil du nicht so bist wie ich«. Dies macht die Sache für beide Seiten frustrierend und lässt die Zusammenarbeit mühsam und beschwerlich werden. Die Führungskraft versucht, ihre »Mono-Realität« allen anderen aufzudrücken, aber das funktioniert nicht. Es kommt keine Freude und keine Harmonie auf, denn die Mitarbeiter haben immer das Gefühl, ungenügend zu sein. Für sie ist es das Größte, wenn sie so sein können, wie sie sind, denn das bedeutet, dass sie respektiert werden.

Schmerzliche Erkenntnis

Der Schlüssel dazu, Menschen so annehmen zu können, wie sie sind, liegt im Respekt. Talente oder Stärken sind das, was einem so leicht von der Hand geht wie kaum etwas anderes. Wer seine Talente an seinem Arbeitsplatz ausleben kann, erlebt Freude und Flow und wird in seinem Arbeitsgebiet über kurz oder lang unschlagbar. Er erntet Lob und Anerkennung von den Kollegen, vom Chef und

Pferdeflüstern. Bernd Osterhammel

ISBN: 3-527-50195-9

von den Kunden. Der Mitarbeiter wächst über sich selbst hinaus und fängt an zu leuchten. Die guten Einfälle sprudeln, und Überstunden sind kein Thema mehr. Und wissen Sie, was dann geschieht? Das Leuchten überträgt sich auf das ganze Unternehmen und auf die Kunden – zuletzt auch auf die Auftragslage. Einer Führungskraft, der es gelingt, ihre Mitarbeiter zu leuchtenden Wesen zu machen, macht auch ihr Unternehmen erfolgreich.

Es gibt keine größeren Katalysatoren für den Erfolg als Talent und Freude. Das Problem bei Talenten ist, dass sie oft schon in frühester Jugend untergehen und daher den Betreffenden selbst nicht bewusst sind. Manchmal werden Talente von Schule oder Elternhaus regelrecht unterdrückt oder schlimmstenfalls sogar bestraft, wenn sie ans Licht treten. Das macht es schwierig, sie wieder auszugraben.

Wer sein Talent gibt, gibt sein Bestes. Wer keine Chance hat, sein Talent auszuleben oder einzubringen, gibt allerhöchstens sein Zweitbestes. In der Baubranche können wir es uns schon lange nicht mehr erlauben, dass unsere Leute nur ihr Zweit- oder Drittbestes geben. Wir können es uns nicht leisten, Energie zu vergeu-

Strahlende Mitarbeiter

den, indem die Mitarbeiter Dinge tun, die ihnen schwer fallen, keinen Spaß machen und nicht liegen, sich dafür aber nach Feierabend in Fachfremdes voll einbringen.

Wenn wir – wie einer unserer Ingenieurverbände für unsere Branche errechnet hat – heute 25 Prozent mehr arbeiten müssen, um genauso viel zu verdienen wie vor ein paar Jahren, so geht das im Prinzip nur, weil jeder Mitarbeiter 25 Prozent mehr Leistung erbringt als früher. Das funktioniert aber nur bei vollem Engagement jedes Einzelnen. Und dieses volle Engagement bringt jemand nur dann ein, wenn er seine Talente an seinem Arbeitsplatz entfalten kann. Meine Mitarbeiter haben ganz alleine und ohne meine Anleitung oder meinen Eingriff Wege und Möglichkeiten gefunden, wie sie diese 25 Prozent Mehrleistung in ihrer Arbeitszeit erbringen können; sie sind auf Ideen zur Rationalisierung und Vereinfachung von Arbeitsabläufen gekommen, die mir selbst nie gekommen wären. Weil alle zusammenarbeiten, kommt ein wahrhaft herausragendes Unternehmensergebnis zustande.

Werte von Mitarbeitern

In unserem Ingenieurbüro suchen wir gemeinsam nach Talenten, Freuden und Werten. In Verbindung mit qualifiziertem Berufs-Know-how entsteht daraus ein einzigartiges Unternehmensergebnis. Wenn man jemanden bewegen will, muss man wissen, was ihn bewegt, damit man weiß, wie man ihn dazu bringen kann, sein Potenzial voll einzubringen. Dazu gehören neben Talenten auch die Werte, die Menschen haben. Sie sind individuell verschieden: Der eine liebt Freiheit, der andere Sicherheit, ein weiterer Kontinuität oder Abwechslung. Aber jeder ist bereit, für seine Werte noch ein bisschen mehr zu geben.

Beispiel

Ein Mitarbeiter in unserem Betrieb hat ein extrem hohes Freiheitsbedürfnis und reagiert empfindlich auf Kontrolle und Überwachung. Im Prinzip arbeitet er fast wie ein Selbstständiger, will aber die letzte Verpflichtung und Verantwortung gegenüber Kunden nicht übernehmen; sonst wäre er selbstständig – aber dann würde er sich nicht mehr frei fühlen. Bei uns kann er sein Tagesgeschäft ohne Kontrolle völlig frei gestalten, so dass er seine Ideen einbringt und auch Aufträge an Land zieht. Er ist mit allen Kunden per du. Aufgrund seines Freiheitsbedürfnisses braucht er ab und zu einen Spontanurlaub in Afrika oder Südamerika. Hin und wieder ist er auch mal einen halben Tag lang nicht im Büro. Die Kollegen tolerieren das und sind nicht neidisch, weil jeder seine Werte bei uns ausleben darf.

Anders ist das in Firmen, in denen jeder mehr oder weniger nur an seiner eigenen kleinen Aufgabe oder seiner Beförderung herumbastelt, über seinen Tellerrand nicht hinausschaut und nur an seinem persönlichen Vorteil interessiert ist. Das Gesamtergebnis kann keine großartige Leistung sein, denn die Energien zerstreuen sich und können kein herausragendes Unternehmensergebnis hervorbringen. Es entsteht kein Gemeinschaftsgeist, sondern nur kleinkarierter Ressortegoismus.

Frustrierte Mitarbeiter

Finden Menschen über ihre Talente hinaus ihre persönlichen Werte an ihrem Arbeitsplatz wieder, dann sind Sie Ihrem Führungsziel so nahe gekommen, wie es nur die wenigsten Unternehmen schaffen.

Fähigkeiten lassen sich nicht erzwingen

Bei Pferden wie bei Menschen gibt es das Problem, dass ihre Talente und Stärken vielfach niemals erkannt worden sind, dass sie niemals vor die Aufgaben gestellt worden sind, die ihnen wirklich liegen. Ich habe einmal versucht, ein Pferd im Turniersport einzusetzen, das mir gewisse Fähigkeiten dafür mitzubringen schien. Doch das war eine beschwerliche Angelegenheit, bis ich feststellte, dass das Pferd nicht die Nervenstärke für Turniere mitbrachte. Die ganze Atmosphäre von Turnieren, die Anspannung im Wettbewerb, bis ein Sieger gefunden ist, die vielen Menschen und das ganze Durcheinander machten es unnötig nervös, so dass sein Fluchttrieb durchbrach und es letztlich niemals gesiegt hätte. Dann entdeckte ich jedoch, dass es eine andere Begabung hatte: Es war sehr ausdauernd und daher ideal geeignet für lange Ritte; als Wanderreitpferd ist es nun unschlagbar.

In den Spiegel schauen

Pferde halten uns Menschen den Spiegel vor: Setzen wir sie in ungeeigneter Weise ein, so spiegeln sie uns unsere eigenen Ängste und unsere Grenzen, wenn wir mit ihnen nicht klarkommen. Viele Pferdebesitzer reagieren dann so, dass sie das Tier für unfähig erklären, es verkaufen und sich ein neues zulegen. Häufig treten dann jedoch nach einer Weile mit dem neuen Tier dieselben Probleme auf. Die Pferdebesitzer erkennen nicht, dass das Problem in ihnen liegt und nicht beim Pferd. Verfahren Führungskräfte nicht oft ähnlich? Erklären sie nicht auch ihre Mitarbeiter für unfähig, um sie entlassen zu können? Beinahe wäre auch mir das passiert mit einem Bauleiter.

Probleme mit Baustellen

Einer unserer Bauleiter hatte Probleme auf den Baustellen, auf denen immer ein rauher Wind weht: Man muss aufpassen, das Bauunternehmer richtig abrechnen, und Auftraggeber erwarten, dass man hart und streng mit den Bauarbeitern umgeht. Das lag unserem Bauleiter nicht. Ich erwartete zunächst, dass er auf den Baustellen härter durchgriff, worüber er schließlich krank wurde. Ich hatte versucht, den Mitarbeiter in meinem Sinne zu ändern, was nicht funktionierte.

Ein zweiter Bauleiter, der ebenfalls Baustellen betreute, kam mit dem Stress dort gut klar. Es lag ihm, mit den Leuten Tacheles zu reden. Andererseits arbeitete er aber nicht gerne im Büro, denn die Prüfung von Rechnungen war ihm lästig.

So ergab sich eine einfache und harmonische Lösung, die für alle zufriedenstellend war: Der erste Bauleiter arbeitet nun ausschließlich im Innendienst und prüft gleichzeitig auch die Rechnungen, die dem zweiten Kollegen keinen Spaß gemacht haben; der zweite Bauleiter ist demgegenüber ausschließlich im Außendienst eingesetzt und überwacht sämtliche Baustellen.

Diese Lösung ist branchenunüblich, denn im Grunde entspricht es dem »klassischen« beruflichen Tätigkeitsfeld eines Bauleiters, dass er zugleich eine Baustelle und die damit verbundenen Abrechnungen betreut. Ich selbst musste mich erst von diesem festgefahrenen Muster freimachen, musste meine Einstellung ändern und eine neue Blickrichtung gewinnen, um auf diese ebenso simple wie überzeugende Lösung zu kommen und sie innerlich zulassen zu können. Das Resultat: Die Leistung beider Mitarbeiter ist um rund 20 Prozent gestiegen, denn nun kann jeder das tun, was ihm am besten liegt.

Engpass Telefon-Hotline

Bei uns gab es einen EDV-Fachmann, der neue Programme im Netzwerk installiert und sie zum Laufen bringt. Er führte auch die Mitarbeiter in die neue Software ein. Die Installation der Programme funktionierte bei ihm nicht besonders gut und dauerte extrem lange. Schließlich stellte sich heraus, dass er nicht gerne mit der Hotline der Software-Hersteller telefonierte und stattdessen lieber selbst tagelang vor sich hin tüftelte und probierte. Das kostete viel Zeit, und dennoch waren die Arbeitsresultate nicht befriedigend: Die Einführung neuer Software verzögerte sich, und manche Computer konnten tagelang nicht benutzt werden. Das Telefonieren mit der Hotline war der Engpass in seinem Tätigkeitsbereich, denn alle anderen Aufgaben erfüllte er durchaus gut.

Schließlich fanden wir heraus, dass einer unserer Bauzeichner kein Problem damit hatte, die Hotline anzurufen. Jetzt haben wir die optimale Arbeitsteilung gefunden: Wenn es Probleme mit der Software-Installation gibt, telefoniert der Bauzeichner mit der Hotline, und unser EDV-Mann kümmert sich anschließend um die Umsetzung.

Ich zwinge heute niemanden mehr, etwas zu tun, das ihm nicht leicht von der Hand geht. Druck und Zwang führen nicht weiter, bringen keine überragenden Ergebnisse hervor, sondern umgehen die Freiheit des anderen. Entweder findet ein Mitarbeiter mit seinen Fähigkeiten in unserer Firma einen Platz, der ihm entspricht, oder ein von ihm ungeliebter Tätigkeitsbereich wird an jemanden delegiert, der ihn gerne betreut, oder es muss ein neuer Mitarbeiter gefunden werden, der das Tätigkeitsfeld übernimmt.

An Menschen »herumzuschrauben«, sie in ein Schema zu pressen oder ihnen Leistungen abzuverlangen, die ihnen nicht liegen, ist unglaublich kräftezehrend, energieaufwendig und freudlos. Und letztlich führt es nicht zum gewünschten Resultat. Führung bedeutet, jeden Mitarbeiter an den ihm angemessenen Platz zu führen.

Schwächen lassen sich nicht auskurieren

Konzentration auf Schwächen

Gallup befragte mehr als 200 000 Führungskräfte in aller Welt: »Was glauben Sie, was Ihnen mehr hilft, sich zu verbessern: die Stärken oder die Schwächen der Mitarbeiter zu kennen?« In nahezu allen Ländern – gleich ob USA, England, Frankreich, Kanada, Deutschland, China oder Japan – lautet die übereinstimmende Antwort: Schwächen, nicht Stärken verdienten die größte Aufmerksamkeit. Den größten Wert auf Stärken legte man noch in den USA, wo immerhin 41 Prozent der Befragten den Stärken vor den Schwächen den Vorrang gaben. Die geringste Aufmerksamkeit finden Stärken in China und Japan, wo nur 24 Prozent der Befragten sich auf Stärken konzentrieren. Die Fokussierung auf Schwächen anstatt auf Stärken scheint ein weltweites und kulturübergreifendes Phänomen zu sein.

Andererseits stellte Gallup aber auch fest, dass Unternehmen, die Mitarbeitern die Gelegenheit geben, ihre Stärken oder Talente auszubauen oder auszuleben, weitaus erfolgreicher arbeiten als solche, die das nicht tun. Mitarbeiter, die die Gelegenheit haben, das zu tun, was sie am besten können,

- arbeiten mit 50 Prozent Wahrscheinlichkeit in einer Abteilung mit geringer Personalfluktuation,

- sind mit 38-prozentiger Wahrscheinlichkeit in produktiveren Geschäftsbereichen und

- mit 34-prozentiger Wahrscheinlichkeit in Geschäftsfeldern mit höherer Kundenzufriedenheit tätig.

- Wo sich der Anteil der Mitarbeiter erhöhte, die ihre Stärken täglich ausleben können, ergaben sich im Laufe der Zeit deutliche Steigerungen der Produktivität, der Kundentreue und der Mitarbeiterloyalität.

Fehlbesetzungen

Umso trauriger ist es, dass die meisten Unternehmen so wenig Kapital aus den Stärken ihrer Mitarbeiter schlagen: Weltweit haben nur 20 Prozent von ihnen das Gefühl, dass sie ihre Stärken jeden Tag einsetzen können. Acht von zehn hingegen glauben, dass sie für ihre Aufgabe zumindest teilweise eine Fehlbesetzung sind. 67 Prozent können der Aussage »ich weiß, was von mir bei der Arbeit erwartet wird« nicht zustimmen.

Das unausgeschöpfte wirtschaftliche Potenzial, das hinter diesen Zahlen steht, lässt sich nur erahnen. Würde man die Mitarbeiter überall konsequent nach ihren Stärken einsetzen, so ließen sich vermutlich alle derzeitigen wirtschaftlichen Probleme leicht lösen!

Falscher Ansatz der Weiterbildung

Überall auf der Welt gehen Führungskräfte von der falschen Annahme aus, der größte Raum für die Leistungssteigerung von Mitarbeitern liege in deren Schwächen. Auf dieser Voraussetzung basiert auch der Ansatz der Weiterbildung in den meisten Unternehmen. Häufig schon bei der ersten beruflichen Leistungsbeurteilung heißt es, der Mitarbeiter habe »Lücken« und müsse seine Fähigkeiten »vervollständigen«. Man läuft in die Falle zu versuchen, Mitarbeitern möglichst viel Wissen und Können zu vermitteln, um ihre »Ecken und Kanten« abzuschleifen und am Ende die »rundum perfekten« Mitarbeiter zu haben. Der unermüdliche Kampf gegen Wissenslücken, meist beschönigend als »Entwicklungsfelder« bezeichnet, kann jedoch einen Mangel an Talent in einem bestimmten Bereich niemals ausgleichen.

Die dauernde Konzentration auf Defizite im Bereich der Fähigkeiten eines Mitarbeiters ist für alle ermüdend, frustrierend und beschwerlich. Leichtigkeit, Harmonie und Freude an der Arbeit kommen dabei nicht auf. Die Entwicklung des Bewusstseins für vorhandene Stärken bleibt ebenso auf der Strecke wie die von Mitarbeitern vermisste Anerkennung und Wertschätzung für ihre Leistungen.

Aufs falsche Pferd gesetzt

Wenn Sie feststellen, dass Sie bei einem Mitarbeiter überwiegend damit beschäftigt sind, Schwächen in den Griff zu bekommen, dann handelt es sich wahrscheinlich um einen »Casting«-Fehler – mit anderen Worten: Sie haben von Anfang an aufs falsche Pferd gesetzt. In diesem Fall gilt es, den Grundfehler zu korrigieren, nicht den Mitarbeiter.

Was passiert, wenn man bei Mitarbeitern anfängt, Schwächen auszumerzen? Man arbeitet an einem Fass ohne Boden. Denn jeder Mensch hat weitaus mehr Schwächen, Defizite und »Untalente«, als er Stärken, Begabungen und Talente hat. Da kann man noch so viel schulen, aus-, weiter- und fortbilden, man wird den Mitarbeiter niemals zu herausragenden Leistungen bewegen. Außerdem bleiben die wirklichen Talente unbearbeitetes Brachland für das Unternehmen – sie werden praktisch verschleudert. Was für eine Energieverschwendung!

Vernachlässigung der Topleute

Meist konzentrieren sich Führungskräfte so sehr auf die »Entwicklung« der angeblich leistungsschwächeren Mitarbeiter, dass sie die leistungsstärkeren darüber vernachlässigen. Dies vermittelt den Spitzenkräften paradoxe Botschaften: »Je besser meine Leistung ist, desto weniger Aufmerksamkeit bekomme ich vom Chef.« Viele bewerten dies zu Recht als Gleichgültigkeit und Ignoranz. Wenn die Topleute sich selbst überlassen bleiben, kündigen sie innerlich oder wechseln zu einem Arbeitgeber, der ihre Talente besser zu schätzen weiß.

Durchschnitt statt Spitzenleistung

Ein Mitarbeiter, der eine Schwäche ausgemerzt hat, wird auf dem betreffenden Gebiet, das er nun »erlernt« hat, bestenfalls durchschnittlich. Und in der Tat erleben wir heute in vielen Unternehmen eine seltsame Fixierung auf den Durchschnitt, der häufig auch mathematisch präzise in Zahlen erfasst wird: Außendienstmitarbeiter sollen einen »durchschnittlichen« Umsatz pro Kunde erwirtschaften bzw. eine bestimmte »Quote«, ein »Soll« erfüllen, Callcenter-Mitarbeiter sollen »durchschnittlich« so und so viele Kunden pro Tag anrufen, das Unternehmen soll im »Durchschnitt« so und so viel Umsatz oder Gewinn erwirtschaften.

Der Durchschnitt ist jedoch nicht dazu geeignet, Leistungsgrenzen auszuloten oder gar Spitzenleistungen zu erreichen. Er führt lediglich zu einer drastischen Unterschätzung des Potenzials und geradewegs in die Mittelmäßigkeit. Im Grunde ist es sogar höchst bedenklich, wenn sich Unternehmen so sehr auf den Durchschnitt konzentrieren. Denn wenn schon der Durchschnitt als erstrebenswert gilt, so besagt das im Grunde nichts anderes, als dass die Leistungen der Mitarbeiter auf weiten Strecken schon längst unter dem Durchschnitt liegen.

Bedenklich

Unternehmen und Führungskräfte sollten nicht den »Durchschnitt« als Maßstab für Mitarbeiterleistungen verwenden, sondern Spitzenleistungen anstreben. Diese sind dann problemlos erreichbar, wenn Mitarbeiter ihre Talente einbringen und entfalten können.

Es geht darum, den Mitarbeitern Barrieren aus dem Weg zu räumen, so dass sich ihre Leistungsbereitschaft erhöht. Es ist viel effizienter, Schwächen elegant zu umschiffen, anstatt sie ausmerzen oder den Mitarbeiter in eine feste Form pressen zu wollen.

Schwächen als Krankheiten

Wie kommt es nur, dass Führungskräfte so sehr auf die Schwächen von Mitarbeitern fixiert sind, anstatt sich auf die Stärken zu konzentrieren? Es wird so getan, als ob Schwächen eine besondere

Art von Krankheiten wären, die sich mit der richtigen »Medizin« auskurieren lassen. Man probiert alles durch, was der Markt an »pharmazeutischen« Produkten hergibt, ohne die Nebenwirkungen zu bedenken: Unwohlsein, Unzufriedenheit, Frust, innere Kündigung. Aber Schwächen sind keine Krankheiten, man kann sie nicht auskurieren.

Vorurteile über die Fähigkeiten von Mitarbeitern

Im Übrigen ist es immer eine Frage der Betrachtungsweise, ob man etwas als »Schwäche« ansieht oder nicht. Darin liegt bereits eine Bewertung, und dieser wiederum liegen bestimmte Gedanken (vgl. Kapitel 3) und eine bestimmte innere Einstellung (vgl. Kapitel 5) zugrunde. Wer »Schwächen« sehen will, der sieht sie auch; wer seinen Blick auf die »Stärken« der Mitarbeiter ausrichtet, der wird auch diese sehen. Wir haben in jedem Augenblick die Wahl, worauf wir uns konzentrieren, in welche Richtung wir unsere Gedanken lenken wollen.

Vorurteile

Der Konzentration auf Schwächen liegt eine Reihe gängiger Vorurteile über Mitarbeiter zugrunde, die wir uns einmal genauer ansehen wollen:

1. Es gibt den perfekten Mitarbeiter.

Oder: Durch »Ausmerzen« von Schwächen wird der Mitarbeiter immer perfekter. »Perfekt« ist gleichbedeutend mit: perfekt aus der Sicht der Führungskraft oder des Unternehmens, was letztlich nichts anderes heißt als: »Der Mitarbeiter soll so sein wie ich« oder »er soll so sein, wie ihn das Unternehmen gerade braucht«. Diese Art von Perfektionismus gibt es nicht. Wer so denkt, versucht nur, an seinen Leuten »herumzuschrauben«.

2. Meinen Mitarbeitern fehlt es an Talent.

Jeder Mensch bringt spezielle Begabungen mit. Es ist Aufgabe der Führungskraft, diese zu erkennen und den Mitarbeiter dementsprechend einzusetzen. Die Vorstellung, es fehle den Leuten an Talent, ist ein Frage der Perspektive. Wer sich immerfort auf die Schwächen konzentriert, wird natürlich niemals die Talente wahrnehmen können. Es gibt keine untalentierten Mitarbeiter. Es gibt nur Mitarbeiter, die ihre Talente in ihrem momentanen Job nicht ausleben können!

»Vermute Unfähigkeit, und sie wird aller Wahrscheinlichkeit nach gefunden oder geschaffen. Vermute Fähigkeiten zu verantwortlichem Handeln, und du wirst wahrscheinlich angenehm überrascht.« (Harrison Owen)

3. Jeder kann alles erreichen, wenn er sich nur Mühe gibt.

Hier wird vorausgesetzt, dass alle Mitarbeiter auf Schulungen oder Fortbildungen gleich ansprechen, wenn sie sich nur bemühen. Aber das ist nicht der Fall. Gute Leistung lässt sich nicht erzeugen, indem man schlechte Leistungen studiert und die Ergebnisse einfach umkehrt. Es kann sein, dass eine Schulung für den einen eine wertvolle Hilfe zur Entwicklung seiner Fähigkeiten ist, dem anderen aber nichts bringt.

Beispiel

Vor Jahren kam ein russischer Spätaussiedler in unseren Betrieb, um für vier Wochen einen Aushilfsjob als Vermessungsgehilfe anzutreten, einem Anlernberuf ohne Ausbildung. Als die Zeit vorbei war, fragte er, ob er bei uns noch mehr lernen könne. Da die nächsthöhere Stufe nach der Vermessungsgehilfentätigkeit die Ausbildung zum Bauzeichner ist, verschafften wir ihm die Möglichkeit, Bauzeichner zu werden. Er schulte, aufbauend auf seiner russischen Vorbildung, zwei Jahre um. Doch schon bald stellte sich heraus, dass CAD-Zeichnungen am Computer nicht seine Welt waren. Er geriet unter Druck und wurde unzufrieden. Nachdem er die Lehre zum Bauzeichner absolviert hatte, arbeitete er wieder als Vermessungsgehilfe für uns, hatte allerdings mehr theoretische Hintergründe und wusste, was ihm lag.

Auf seine Empfehlung hin kam ein Jahr später ein weiterer Spätaussiedler in unseren Betrieb, der ebenfalls als Vermessungsgehilfe anfing. Auch er absolvierte danach die gleiche Umschulung zum Bauzeichner. Ihm liegt das CAD-Zeichnen jedoch, und er übt diese Tätigkeit nach seiner Ausbildung weiterhin bei uns aus. Zwei Menschen mit fast identischem Ausbildungshintergrund und gleichen

Chancen im selben Betrieb – aber dennoch mit völlig verschiedenen Fähigkeiten und Talenten! Beide bringen Spitzenleistungen, beide bekommen ein Höchstmaß an Anerkennung, und beide verdienen sehr gut für ihre Position.

4. Jeder Mitarbeiter ist ersetzbar.

Ein Killersatz ersten Ranges, der aber häufig aus dem Munde von Vorgesetzten kommt, und das sogar in Gegenwart der Mitarbeiter! Wer sich für austauschbar hält, fühlt sich gleichgültig behandelt, nicht wertgeschätzt und hat keine Motivation, sich besonders zu engagieren.

5. Alle müssen gleich behandelt werden.

Gute Führungskräfte wissen, dass Mitarbeiter grundverschieden sind. Menschen sind keine Computer, die mit Ein-Aus-Schaltern betriebsbereit in die Firma geliefert werden. Nichts ist für Menschen demotivierender, als wenn sie wie im Kommunismus genau wie alle anderen behandelt werden. Es gilt, auf jeden Einzelnen einzugehen und aus der Individualität der Mitarbeiter für das Unternehmen größtmöglichen Nutzen zu ziehen.

6. Begabungen sind etwas Seltenes und Außergewöhnliches.

Begabungen, Stärken und Talente sind nichts Außergewöhnliches. Jeder Mensch bringt sie mit, es kommt nur darauf an, sie zu entdecken und zu entfalten. Wer Begabungen nur bei Einzelnen sieht, der vernachlässigt die meisten Mitarbeiter!

7. Für manche Aufgaben ist Talent überflüssig.

Besonders im Hinblick auf so genannte niedere Tätigkeiten, wie Reinigungsarbeiten oder im Ingenieurbüro das Helfen beim Vermessen, geht man häufig davon aus, dass Talente nicht erforderlich sind. Aber selbst für solche Aufgaben ist eine spezifische Begabung nötig, auch wenn das Führungskräften, die solche Tätigkeiten meist nie selbst ausgeführt haben, oft nicht einsichtig ist. Demzufolge können Menschen mehr oder weniger geeignet sein für derartige Aufgaben.

Unser Vermessungsgehilfe hat die besondere Begabung, dass er alle Aufgaben im Laufschritt erledigt, pflichtbewusst und hilfsbereit

Beispiel

ist. Weil er so schnell ist, arbeitet er beinahe für zwei. Er verdient darum bei uns auch vergleichsweise sehr gut, denn er ist wirklich sein Geld wert und erspart uns die Einstellung eines zweiten Vermessungsgehilfen.

Vergessen Sie all die genannten Vorurteile! Sie sind nichts weiter als subjektive Wahrnehmungsfilter, die einen eingeschränkten Blickwinkel auf Menschen zur Folge haben. Ändern Sie Ihre Einstellung zu Mitarbeitern und zu ihren Begabungen. Lernen Sie, in jedem Menschen das »Besondere« zu sehen, und jeden entsprechend seinen individuellen Fähigkeiten einzusetzen.

Ein Großteil des Unternehmenswertes ist zwischen den Ohren der Mitarbeiter angesiedelt. Es kommt darauf an, diesen Teil zu aktivieren.

Pegasus

Auf einem Pferdemarkt wurde ein geflügeltes Pferd zum Kauf angeboten. Alle Interessenten riefen: »Seht, was für ein königliches Tier! Nur leider entstellt es das Flügelpaar.« Ein Käufer schließlich fasste Mut und erwarb das Tier. Er dachte sich: »Die Flügel bieten zwar keinen Nutzen, aber vielleicht kann ich das Pferd trotzdem auf dem Acker gebrauchen.« Kaum war Pegasus vor den Karren gespannt, da versuchte er auch schon davonzufliegen und stürzte beinahe mitsamt dem Gefährt in den Abgrund.

Der Käufer sah ein, dass dies nicht die geeignete Verwendung für sein neues Tier war und spannte es am nächsten Tag vor eine Kutsche mit Passagieren. Er dachte sich, Pegasus könne ihm womöglich, schnell wie er war, ein zweites Pferd ersparen. Kaum eingespannt, richtete das geflügelte Tier seinen Blick gen Himmel, verließ die sichere Spur auf der Erde und rannte in atemberaubender Geschwindigkeit über Sumpf und Moor, über Feld und Hecken, dass den Passagieren ganz schlecht wurde. Schließlich zerschellte die Kutsche an dem steilen Gipfel eines hohen Berges.

Der Besitzer nun dachte sich, dass es nicht mit rechten Dingen zugehe. Er überlegte sich, dass er Pegasus durch magere Kost und Arbeit stärker unter Kontrolle nehmen wollte. Aber schon nach wenigen Tagen war das schöne Pferd zu einem Schatten abgezehrt. Zusammen mit einem Ochsen wurde es vor einen Pflug gespannt, bis seine Kräfte immer mehr nachließen und es schließlich gramgebeugt zu Boden stürzte und sich im Staube wand. »Verwünschtes Tier«, schimpfte sein Besitzer, »du bist wirklich zu gar nichts zu gebrauchen! Ich hätte dich nicht kaufen sollen!«

Während er schimpfte, kam ein fröhlicher Mann des Wegs, spielte auf seiner Gitarre ein munteres Liedchen und sang dazu – bis er das Ungemach des Pferdebesitzers sah. »Lieber Bauer, du kannst doch nicht den Pegasus mit einem Ochsen vor den Pflug spannen!«, rief er empört aus. »Gib mir das Tier, ich werde dir zeigen, wie das geht.« Der Besitzer war erleichtert, dass ihm endlich jemand das unnütze Tier abnahm, und überließ es gerne dem frohen Taugenichts, der seinen Weg gekreuzt hatte. Dieser befreite das Pferd von der Last des Pflugs und schwang sich auf seinen Rücken. Kaum fühlte Pegasus den neuen Herrn auf sich sitzen, kehrten seine alten Kräfte zurück. Blitze sprühten aus seinen Blicken und königlich in majestätischer Pracht schoss er himmelwärts. Mitsamt seinem Herrn verschwand er für immer in den Wolken.

Kennen Sie Ihr bestes Pferd im Stall? Kennen Sie Ihren Pegasus, Ihren Himmelsstürmer? Haben Sie ihn vielleicht auch vor einen Karren gespannt, wo er traurig vor sich hindämmert, weil er seine Talente nicht einbringen kann?

Wie man die Talente der Mitarbeiter richtig einsetzt

Was muss ein Manager konkret tun, um die Talente seiner Mitarbeiter zu erkennen, zu entwickeln und zu entfalten? Er muss sie führen, und er muss wirklich Chef sein, das heißt, ihr volles Potenzial ausgraben und einbringen. Das heißt, er muss ihnen die Barrieren aus dem Weg räumen, damit sie sich frei entfalten können.

Die Gefahr des Besserwissens und Deckelns

Zuerst einmal braucht eine Führungskraft nicht alles und auch nicht alles besser zu können als ihre Mitarbeiter. Es liegt sogar eine gewisse Gefahr darin, als Führungskraft unbedingt »besser« sein zu wollen: Es kann die Fähigkeiten der Mitarbeiter dahingehend deckeln, dass immer nur »mittelmäßige« Leute eingestellt werden, die dem Chef unterlegen sind. Auf diese Weise sind dann niemals Spitzenleistungen zu erzielen – man orientiert sich am Durchschnitt, den man schon für erstrebenswert hält.

Als Führungskraft sollten wir uns in unseren Antrieben und Motiven selbst genau prüfen: Können wir innerlich zulassen, dass ein anderer uns in bestimmten Bereichen überragt? Oder tritt dann das verletzte Ego zutage?

Innere Stabilität entwickeln

Das Bedürfnis, das eigene Ego zu schützen, hat man zumeist dann, wenn man innerlich unsicher ist – und wenn man sich seiner eigenen Talente und Fähigkeiten nicht ausreichend bewusst ist. Denn dann erlebt man die besonderen Fähigkeiten des anderen als Bedrohung und Infragestellen der eigenen Person. Wer seine eigenen Talente und seine Stärken kennt, kann anderen leichter zugestehen, in bestimmten Bereichen besser zu sein. Diese innere Stabilität kann nur aus dem eigenen Wesenskern kommen, niemals von außen.

Viele Unternehmen kennen die Gefahr, dass vielversprechende Talente unter ihren Vorgesetzten »versauern« und nicht zum Einsatz kommen, und manche haben sogar spezielle Methoden entwickelt, damit das nicht passiert.

Beispiel

Die gedas Deutschland GmbH, IT-Dienstleister in der Auto- und Fertigungsindustrie, hat für seine Mitarbeiter ein eigenes Trainingszentrum gegründet. Eine wichtige Rolle bei der Weiterbildung spielt die wechselseitige Beurteilung von Führungskräften und Mitarbeitern. Das Feedback, das der Einzelne dadurch erhält, ist einerseits Indikator für die Zufriedenheit am Arbeitsplatz, und andererseits werden Fähigkeiten und Fertigkeiten der Beurteilten herausgefiltert. Die Ergebnisse werden anschließend von der Führungsebene ausgewertet und diskutiert, um zu verhindern, dass Abteilungsleiter aus Eigennutz Talenten mit Führungspotenzial die Karriere verbauen. Denn es gilt grundsätzlich, dass Führungskräfte verpflichtet sind, die Beschäftigten zu fördern.

Wer es als Führungskraft seinen Mitarbeitern gestatten kann, »größer« als sie selbst zu sein, hängt die Trauben hoch im Unternehmen. Die Mitarbeiter bekommen die Gelegenheit, über sich selbst hinauszuwachsen, was wiederum auch andere zu höheren Leistungen ansport und sich bei Neueinstellungen positiv bemerkbar macht.

Kommen neue Mitarbeiter in eine Firma, so prüfen sie immer zuerst, wie hoch im Betrieb die Flöhe hüpfen. Das kann man sich so vorstellen: Der Besitzer eines Flohzirkus hält seine Lieblinge in einer Schachtel. Öffnet er diese, so springen sie munter in die Höhe, was dem Besitzer nicht unbedingt immer gefällt. Also installiert er einen Deckel über der Schachtel, so dass die Flöhe nicht höher als bis zum Deckel hüpfen können. Nun hat er ein gutes Gefühl. Es ist »Ruhe im Karton«, und die Flöhe entfleuchen nicht mehr in unüberschaubare Höhen. Haben sich die Tiere jedoch erst einmal an den Deckel gewöhnt, so sind sie nach einer Weile nicht mehr in der Lage, höher zu springen, und zwar selbst dann nicht, wenn der Deckel wieder entfernt ist. Sie sind jetzt sozusagen »auf Deckelhöhe konditioniert«.

Wie hoch hüpfen die Flöhe?

Dasselbe passiert mit neuen Mitarbeitern, die in eine Firma eintreten. Sie schauen sich unauffällig bei ihren Kollegen um, wie hoch das Engagement der anderen ist. Setzen sich die Kollegen voll ein, gehen sie bis an ihre Grenzen oder gar darüber hinaus? Oder wirkt der ganze Laden doch ein wenig »gedeckelt«? Ist der Engagementpegel insgesamt niedrig, so haben auch die neuen Mitarbeiter keine Veranlassung, sich besonders ins Zeug zu legen. Es ist, als ob man sich überall stillschweigend darauf geeinigt hätte, eine ruhige Kugel zu schieben, nicht mehr zu tun als unbedingt notwendig. Alle Flöhe hüpfen niedrig, warum sollten sich die Neuen anstrengen? So färbt eine einmal etablierte Unternehmenskultur immer auf neue Mitarbeiter ab – und natürlich auch auf die Kunden und andere Geschäftspartner. Denn sie merken ebenfalls bald, wie hoch die Flöhe hüpfen, wie viel Engagement sie von dem Unternehmen erwarten dürfen. Wenn man die Talente der Mitarbeiter entfaltet, dann beträgt der Anteil derer, die nicht zur Firma passen, höchstens 10 Prozent.

In unserem Ingenieurbüro sind wir bemüht, die Flöhe so hoch als irgend möglich hüpfen zu lassen, ohne Deckel zu installieren. Als Führungskraft brauche ich nicht immer vorneweg zu laufen in dem Sinne, dass ich alles besser können oder wissen muss. Etliche meiner Mitarbeiter haben in vielen Bereichen mehr Potenzial als ich. So führt in EDV-Fragen bei uns längst jemand anders. Und auch die Abläufe organisiert jemand, der das besser kann als ich. Unsere Mitarbeiter sollen nicht nur Ausführende sein, sondern auch mitdenken. 28 Köpfe produzieren viel mehr Ideen als nur zwei Führungsköpfe, was dem ganzen Unternehmen zugute kommt. Wir wären nicht Marktführer in unserer Region, wenn wir unsere Mitarbeiter deckeln würden.

Ein behinderter Mitarbeiter

Bei uns ist ein Zeichner beschäftigt, der unter Mukoviszidose leidet. Wir haben ihn von einem anderen Ingenieurbüro, einem Mitbewerber, übernommen. Als man dort erfuhr, dass er nun bei uns angestellt war, sagte mir dessen Chef: »Diesen Mitarbeiter konnte ich nicht mehr sehen! Der hat mir jede Überstunde vorgehalten und genau vorgerechnet, wie viel Mehrurlaub er als Behinderter bekommt.« Seltsam – mich hat derselbe Mitarbeiter gefragt, ob er am Feiertag in die Firma kommen darf, um neue Software auszuprobieren. Der frühere Arbeitgeber unseres Mitarbeiters hat die Angewohnheit, allen seinen Angestellten die Stunden exakt nachzuhalten, während ich mir damit gar keine Mühe mache. Unser Zeichner ist einer der besten Mitarbeiter mit fantastischen Talenten, einem fröhlichen Wesen und einem überdurchschnittlichen Gehalt.

Was eine Führungskraft besser können muss

Es gibt einige Dinge, die eine Führungskraft in der Tat besser können sollte als die meisten Mitarbeiter:

- zuhören und kommunizieren,
- beobachten und ein Gespür für Talente und Stärken entwickeln,
- Mitarbeiter motivieren, begeistern und
- Mitarbeiter entwickeln.

Das alles sind Fähigkeiten, die jenseits der »fachlichen« Qualifikationen liegen. Zuhören bedeutet, sich jemandem zuzuwenden. Besonders im Gespräch erfahren wir, was jemanden motiviert, was ihm Spaß macht und wo seine Fähigkeiten liegen. Der persönliche Kontakt und die Kommunikation sind am wichtigsten, um Talente und Stärken zu erkennen, direkt gefolgt von der Beobachtung. Komplizierte Schulungs-, Entgelt- und Leistungssysteme helfen da nur bedingt, denn an erster Stelle steht immer das persönliche Gespräch.

Motivation kann nicht künstlich erzeugt werden, wie bereits im vierten Kapitel dargelegt. Sie ergibt sich, wenn der Mitarbeiter die optimalen Leistungsmöglichkeiten und -fähigkeiten erhält – und für seine Arbeit anerkannt wird.

Grenzen überschreiten

Bei der Entwicklung von Mitarbeitern gilt es manchmal, ihre Grenzen sensibel auszuloten, ohne sie in schmerzhafter Weise zu überschreiten. Ein Mitarbeiter, der sich längere Zeit im Grenzbereich aufhält, hat oft selbst das Bedürfnis, diese Grenze zu überschreiten. Dann ist der richtige Zeitpunkt gekommen, ihn durch Fortbildung zur Weiterentwicklung zu ermutigen. Sinnvoll ist es hingegen nicht, Fortbildung als »Lückenfüllprogramm« zu installieren, also einen Mitarbeiter zur Weiterbildung zu schicken, weil der Vorgesetzte angeblich eine Lücke in seinem Können wahrgenommen hat, die der Betreffende selbst gar nicht sieht.

Fortbildung zum Netzwerkadministrator

Ein junger Mitarbeiter hatte eine Lehre als Bauzeichner absolviert. Darauf war er richtig stolz: Er hatte das Gefühl, etwas gelernt und eine gute Berufsausbildung erworben zu haben. Nach der Lehre hatten wir ihn übernommen, und ein Jahr lang brachte er sich voll ein. Dann tauchte bei ihm auf einmal die Frage auf: »War das schon alles? Oder könnte ich vielleicht noch mehr?« Der nächste Schritt nach der Bauzeichnerlehre ist die Ausbildung zum Techniker. Zunächst überlegte ich daher gemeinsam mit ihm, ob er eine Technikerschule besuchen sollte. Doch diese Ausbildung hat mehrere Nachteile: Sie dauert vier lange Jahre und muss zudem neben dem Beruf in der Abendschule absolviert werden. Außerdem ist das, was an den Technikerschulen heute gelehrt wird, im Prinzip oft veraltet. Die öffentlichen Schulen haben insbesondere mit der Computerentwicklung nicht Schritt gehalten und lehren daher nicht einmal den so wichtigen Umgang mit CAD-Software. Im Klartext: Wer die Technikerschule verlässt, hat zwar eine staatliche Prüfung in der Tasche, aber eine veraltete Ausbildung, deren Defizite durch weitere Fortbildung im Unternehmen wieder ausgeglichen werden müssen.

Deshalb suchten wir nach einer anderen Möglichkeit der Weiterentwicklung für den Bauzeichner. Nach einer Weile stießen wir auf einen Kurs in Netzwerktechnik, der in einem neunmonatigen Fernstudium via Internet absolvierbar war. Der junge Mann war davon fasziniert. So vereinbarten wir, dass unser Ingenieurbüro für ihn die Fortbildung und den PC bezahlte und er seine freie Zeit zur Verfügung stellte.

Schon bevor er seine Ausbildung abgeschlossen hatte, konnte er einen Workshop für einen unserer Kunden vorbereiten, um ihn in spezielle EDV-Programme einzuarbeiten. Es waren – selbst für unser Ingenieurbüro neu – statt einer einmaligen Schulung sechs bis acht Treffen im Abstand von ein bis zwei Wochen geplant. Mir war klar: Das war die Grenze dessen, was wir dem jungen Mitarbeiter zumuten konnten. Im Grunde war es ein Job für ausgebildete Ingenieure, nicht für Bauzeichner mit zusätzlicher, noch nicht einmal abgeschlossener Qualifikation. Alle Kollegen redeten ihm gut zu, und er bewältigte die neue Aufgabe erfolgreich. Er ist inzwischen Stellvertreter unseres Netzwerkadministrators geworden und trägt auch Etatverantwortung. Mit Bauzeichnungen beschäftigt er sich nur etwa die Hälfte der Zeit, während die andere Hälfte in die Netzwerkadministration und übergeordnete EDV-Dienstleistungen fließt, die ihm Spaß machen.

Instrumente zur Stärkenermittlung

Wer sich nicht auf den Zufall oder seine Beobachtungsfähigkeit allein verlassen will, um die Stärken und Talente von Mitarbeitern zu entwickeln, der sollte sich der zahlreichen Instrumente bedienen, die es inzwischen auf dem Markt gibt und die zum überwiegenden Teil auch wissenschaftlich untermauert sind.

- Das DISG-Persönlichkeitsprofil beruht auf einem Vierquadrantenmodell (Dominante, Initiative, Stetige und Gewissenhafte), das es ermöglicht, bestimmte Persönlichkeitseigenschaften klar herauszufiltern. Daraus lässt sich sowohl ablesen, in welchem Bereich jemand optimal eingesetzt werden kann, als auch wie er am besten in ein Team integriert werden kann (vgl. www.disg.de).

- Ähnlich wie DISG funktionieren Clienting Insights und Clienting Inside.

- Das Hermann-Dominanz-Instrument (H.D.I.) beruht auf einer Selbsteinschätzung der bevorzugten Denk- und Verhaltensstile und ihrer Verteilung. Es kann durch Feedback von anderen untermauert werden.

- Das Struktogramm geht von einer Dreiereinteilung aus und unterscheidet »blaue«, »grüne« und »rote« Persönlichkeiten, was jeweils auf der Dominanz bestimmter Hirnareale beruht. Damit lassen sich sowohl individuelle Stärken als auch eine optimale Team-Zusammensetzung ermitteln.

- Das Strength-Finder-Profil des Gallup-Instituts ermittelt individuell aus 34 Talent-Leitmotiven die fünf am stärksten dominierenden Motive, die so genannten Signatur-Talente. Auf diese Weise kann der Einzelne für sich herausfinden, wo er das größte Potenzial hat.

Es ist weniger wichtig, welches Instrument Sie benutzen, als dass Sie überhaupt darüber nachdenken, ob eine Methode oder »Systematik« zur Talenterkennung in Ihrem Unternehmen Sinn macht, um die Stärken der Mitarbeiter gezielt zu erfassen.

Mitarbeiter sollten je nach ihrer geistigen, fachlichen, körperlichen, seelischen und menschlichen Entwicklung angemessene Möglichkeiten bekommen, sich selbst zu führen. Das lässt sie wachsen, reifen und Selbstvertrauen erlangen. Und es lässt sie Wertschätzung spüren.

So bringt man Spitzenleistungen hervor

Zusammenfassung

- Es ist das Größte für Menschen, wenn sie so sein dürfen, wie sie sind, ohne dass an ihnen herumkorrigiert wird.

- Wenn Mitarbeiter die Gelegenheit bekommen, ihre Talente und besonderen Stärken im Unternehmen auszuleben, dann wachsen sie über sich selbst hinaus. Gleichzeitig wächst auch das Unternehmen über sich hinaus.

- Wer als Führungskraft die Mitarbeiter unterstützt, ihre Talente zu erkennen und zu entfalten, hilft ihnen zu wachsen und Spitzenleistungen zu erbringen. Einfacher kann man Menschen nicht motivieren!

- Es bringt höchstens Frust, aber keine Leistungsverbesserungen, wenn man Mitarbeiter zu Tätigkeiten zwingt oder sie in Arbeitsbereichen fortbildet, die ihnen nicht liegen oder keinen Spaß machen.

- Es gilt, für jeden Mitarbeiter den angemessenen Platz zu finden, an dem er sich seinen Talenten entsprechend einbringen kann.

- Mitarbeiter, deren Stärken gefördert anstatt deren Schwächen kritisiert oder mit Fortbildung »bekämpft« werden, erbringen nachweislich weitaus bessere Resultate und arbeiten produktiver.

- Fortbildung muss an der Weiterentwicklung der schon vorhandenen Talente ansetzen, nicht an der Beseitigung von Schwächen oder Defiziten. Letzteres ist ein Fass ohne Boden.

- Ein guter Chef vermeidet es zum Wohle des Unternehmens, Mitarbeiter zu »deckeln«, und besitzt stattdessen die Größe, auch jemanden einzustellen und zu (be-)fördern, der ihn fachlich überragt.

- Eine wichtige Aufgabe der Führungskraft besteht darin, den Folgenden Führung beizubringen. So wird die Entwicklung gefördert.

8.
Die Firma als Abenteuerspielplatz

Überholte Einstellungen zur Arbeit

Veraltetes Paradigma

Wer immer arbeitet wie ein Pferd, fleißig ist wie eine Biene und abends müde wie ein Hund, der sollte zum Tierarzt gehen – vielleicht ist er ein Kamel. Wie kommt es nur, dass wir es uns so oft im Unternehmen unnötig schwer machen, dass wir hart arbeiten und am Ende doch nichts oder weniger als erwartet dabei herauskommt?

Als ich meine Traumfirma ersann, stellte ich mir immer vor, dass es leicht und mühelos gehen, dass Arbeit Freude und Spaß machen sollte – eine Firma als Abenteuerspielplatz, in dem alle ihre Talente einbringen und Neues entdecken dürfen, in dem alles mit spielerischer Leichtigkeit und Mühelosigkeit vonstatten geht: die tägliche Arbeit, die Akquisition neuer Aufträge, die Erwirtschaftung von Gewinnen – einfach alles. Die Firma sollte weitgehend ohne mich laufen, es sollte nur noch eines leisen Flüsterns von mir bedürfen anstatt eines angestrengten Manageralltags.

Uns ist es inzwischen gelungen, unsere Firma in einen solchen Abenteuerspielplatz zu verwandeln, der zudem noch Marktführer in unserer Region ist. Aber wenn ich mich umschaue, dann scheinen viele Unternehmen meilenweit von einem Abenteuerspielplatz oder einer Traumfirma entfernt zu sein. Es wird unglaublich viel Energie in alle möglichen Projekte, Abläufe und Prozesse investiert, und doch kämpfen sich viele Firmen nur mühsam über die Runden, oft schon mit einem Bein am Abgrund. Gerade die heutige Wirtschaftssituation zeigt besonders deutlich, wie kritisch die Situation in vielen Betrieben ist.

Mir scheint, dass viele Unternehmen ihre Energien in die falschen Kanäle leiten. In den vergangenen Kapiteln kam es immer wieder zur Sprache: Managen von Dingen statt Führen von Men-

Pferdeflüstern. Bernd Osterhammel

ISBN: 3-527-50195-9

Energien in falsche Kanäle

schen, Schüren von Ängsten und Druck bei den Mitarbeitern, Entscheidungen über die Köpfe der Mitarbeiter hinweg statt mit ihnen gemeinsam, Fortbildung, die statt bei den Stärken bei den Schwächen ansetzt, Einsatz von Mitarbeitern in ungeeigneten Tätigkeitsbereichen anstatt nach ihren Talenten, Installation von aufwendigen Kontrollsystemen usw.

Wo liegt die Ursache für dieses Verhalten? Wie wir in Kapitel 3 gesehen haben, sind es immer die Gedanken, die unser Fühlen und unser Handeln steuern. Also gilt es, sich der Gedanken bewusst zu werden, die zu der ungeheuren Energieverschwendung in vielen Betrieben führen.

Ich bin der Ansicht, dass es ein überholtes Paradigma gibt, dem viele Unternehmen nacheifern, ohne darüber nachzudenken. Dieses Paradigma äußert sich in verschiedenen Aussagen oder »Glaubenssätzen«, die in unserer Gesellschaft schon seit Jahrhunderten fest etabliert sind und die kaum in Frage gestellt werden. Die folgenden Aussagen gehören zum Beispiel dazu:

- Erfolg muss hart erarbeitet werden. No pain, no gain!
- Vor den Erfolg haben die Götter den Schweiß gesetzt.
- Nur wenn etwas durch harte Anstrengung erarbeitet wird, hat man den Erfolg auch wirklich verdient.
- Erfolg besteht zu einem Prozent aus Inspiration und zu 99 Prozent aus Transpiration.
- Business ist ein Kampf.
- Es gibt nicht genug Aufträge oder Kunden (Mangeldenken).

Ich bin sicher, es fallen Ihnen noch weitere ähnliche Sätze ein, wenn Sie darüber nachdenken. Es sind Glaubenssätze, die jahrhundertealt und darum in unserer Kultur fest verankert sind, ja teilweise sogar mit der Bibel begründet werden: »Du sollst dein Brot im Schweiße deines Angesichts essen«, war die Botschaft an Adam und Eva, als sie das Paradies verlassen mussten.

Innere Antreiber

Dieses Paradigma haben wir vielfach schon im Elternhaus kennen gelernt und entsprechend verinnerlicht, oft auch in Form innerer Antreiber, die wir alle kennen. Antreiber sind Stimmen, die uns einflüstern, wie wir uns bei der Arbeit verhalten und auf welche Weise wir unsere Arbeit verrichten sollen. Einige Beispiele:

- Streng dich an!
- Gib dir Mühe!
- Sei perfekt!
- Beeil dich!
- Mach es den anderen recht!
- Sei stark! oder: Zeig keine Schwäche!

Auch hier werden Ihnen sicher noch weitere ähnliche Sätze einfallen, wenn Sie einen Moment nachdenken. Hören Sie nicht sogar im Geiste einige Sätze mit der Stimme eines Elternteils zu Ihnen sprechen?

Mit solchen Gedanken im Hintergrund ist es kein Wunder, dass die Arbeit in vielen Unternehmen zur freudlosen Plackerei und zur Schufterei geworden ist, dass viele Mitarbeiter in die innere Kündigung abgewandert sind und die Unternehmen immer weniger wirtschaftlichen Erfolg haben! Man hat teilweise den Eindruck, dass mit steigendem Aufwand immer weniger erreicht wird.

Beispiel

Eine vierfarbige doppelseitige Anzeige eines deutschen Stahlkonzerns verkündete vor einigen Jahren: »Qualität kommt von Qual«. So macht man sich selbst das Leben schwer! Abgesehen davon ist die Wortherleitung vollkommen falsch: »Qualität« kommt vom lateinischen »qualis« und heißt so viel wie »Beschaffenheit, Wert«; »Qual« hingegen kommt vom althochdeutschen »quelan« und heißt »Schmerz empfinden, leiden«. Wir wissen, wie es heute um die deutsche Stahlindustrie steht – sie existiert praktisch nicht mehr, seit die letzten Betriebe nach China verkauft wurden. Man hat sich wohl zu oft und zu lange gequält.

Wer glaubt, dass Arbeit mühsam und beschwerlich ist, der wird sie auch genau so erleben. Wer glaubt, dass Erfolg hart erkämpft werden muss, dem wird der Erfolg niemals mühelos zufliegen.

Stattdessen wird der Betreffende unbewusst seinen Arbeitsalltag so einrichten, dass alles zur Quälerei wird. Wenn er dann doch einmal versehentlich Spaß bei der Arbeit hat, so wird er sich gleich selbst dafür tadeln, anstatt sich zu vertrauen: Er hat sich nicht genug ins Zeug gelegt, das war kein »echter« Erfolg, nur eine oberflächliche Spielerei. Beim nächsten Mal wird er sich »anstrengen«, so dass der Erfolg sich erst wieder bei einer 60- oder 80-Stunden-Woche einstellt; er wird es unbewusst so einrichten, dass es nicht leichter geht. Und wenn der Betreffende eine Führungskraft ist, wird er es so anstellen, dass es auch den Mitarbeitern nicht leichter fällt. Ja, er wird das Engagement der Mitarbeiter sogar nach ihrer Bereitschaft zur Wochenendarbeit oder zu Überstunden beurteilen – wie es derzeit viele Wirtschaftsbosse und sogar die Regierung tut, die fehlende Steuereinnahmen am liebsten durch die Abschaffung von arbeitsfreien Feiertagen ausgleichen möchte.

Dabei haben Untersuchungen immer wieder gezeigt, dass ein hoher Zeiteinsatz im Unternehmen kausal nicht mit dem Geschäftserfolg in Zusammenhang steht. Eine ausgeprägte Leistungskultur ist kein Garant für Unternehmenserfolg. Erinnern wir uns an die Deep-White-Studie aus Kapitel 2: Eine pflichtgetriebene Leistung beflügelt nicht, aber der Einsatz aus Eigenantrieb und Selbstverwirklichung tut es. Erfolg ist umgekehrt proportional zu harter Arbeit.

Gedanken und Einstellung verändern

Wenn wir leicht und mühelos Erfolg haben, wenn wir unser Unternehmen in eine Traumfirma verwandeln wollen, dann müssen wir zuerst unsere Gedanken und unsere innere Einstellung zur Arbeit verändern! Danach kann sich auch die Arbeit selbst verändern. Geist bewegt Materie, nicht umgekehrt. Nach der Kaskade des Denkens (vgl. Kapitel 3) verändern die Gedanken die Gefühle, die Gefühle das Tun, das Tun die Gewohnheit, die Gewohnheit den Charakter und der Charakter das Schicksal. Am Ende erreichen wir dann auf mühelose Weise unser Ziel. Aber zuerst müssen wir uns selbst die Erlaubnis dafür geben, dass es auch mühelos gehen darf.

Und dafür müssen wir das überholte Paradigma und die inneren Antreiber über Bord werfen. Sind Sie bereit dazu?

Unsere Arbeit und unser Erfolg werden erst dann mühelos und leicht, wenn wir unsere Gedanken und unsere Einstellung darauf programmieren, dass es mühelos und leicht gehen darf.

Spaßnahmen statt Sparmaßnahmen

Darf Arbeit eigentlich Spaß machen? Noch immer stehen viele Führungskräfte auf dem Standpunkt, dass Arbeit keinen Spaß machen darf und dass sie ihre Mitarbeiter nicht dafür bezahlen, dass sie glücklich sind. Arbeit wird geradezu als das Gegenteil von Spaß und Spiel angesehen. Besonders in wirtschaftlich angespannten Zeiten werden Spaß und Humor schnell als überflüssiger Luxus abgestempelt. »Erst die Arbeit, dann das Vergnügen«, »Dienst ist Dienst, und Schnaps ist Schnaps« – wir kennen alle die typischen Aussagen, die zu dem überholten Paradigma gehören.

Spielplatz

Es entspricht sowohl meinen persönlichen Erfahrungen als auch den Ergebnissen etlicher Studien, dass Spaß die Menschen mehr zur Arbeit motiviert als alles andere. Aufgaben, die als »Spiel« angesehen werden, werden außerdem schneller und besser gelöst als solche, die man als »Arbeitsaufgaben« bezeichnet. Mitarbeiter mit einer hohen emotionalen Bindung an den Arbeitsplatz haben mehr Spaß bei der Arbeit, sind weniger gestresst und auch zufriedener mit ihrem Arbeitsleben; man könnte natürlich auch umgekehrt schließen: Wenn der Spaßfaktor erhöht wird, steigt das Engagement der Mitarbeiter. Von daher ist es sinnvoll, den Arbeitsplatz wenigstens hin und wieder als Spielplatz anzusehen, anstatt alles mit übergroßem, aufgesetzten Ernst anzugehen.

Beispiel

Bei der amerikanischen Fluglinie Southwest Airline wird Humor groß geschrieben. Schon beim Einstellungsgespräch wird auf den Sinn für Humor bei potenziellen Mitarbeitern geachtet. Wer auf die Frage »Wie haben Sie Ihren Sinn für Humor bisher an Ihrem Arbeitsplatz eingesetzt?« keine Antwort weiß, bekommt keine Anstellung. Ziel ist, dass sich die Passagiere wohl fühlen und ebenso viel Spaß haben wie

Spaß bei der Arbeit und Arbeitsstress (Quelle: ogs/The Gallup Organization)

die Flugbegleiter. Die Fluggesellschaft hält nämlich Humor für wichtiger als teuren Service und eine edle Ausstattung. Das Ergebnis gibt ihr Recht: Southwest Airline fliegt als einzige Fluggesellschaft seit mehr als zwanzig Jahren Gewinne ein.

In unserem Unternehmen legen wir viel Wert auf Spaß an der Arbeit wie auch gemeinsamen Spaß in der Freizeit. So findet jedes Jahr ein dreitägiger Betriebsausflug statt, den die Mitarbeiter organisieren und den zur Hälfte das Unternehmen bezahlt. Zu den bisherigen immer wieder andersartigen Programmen gehörte u.a. Segeln, Reiten, Rafting, Canonying, Wandern und Radfahren. Betriebsausflüge schweißen die Truppe zusammen, haben aber nicht den Charakter von Incentives. Wir haben sie immer auch dann durchgeführt, wenn es mal gerade nicht so gut lief in der Firma.

Betriebsausflüge sollten unabhängig vom wirtschaftlichen Erfolg oder Ergebnis durchgeführt und nicht als »Belohnung« angesehen werden. Sie sind ein wichtiger Bestandteil der Unternehmenskultur, der den Zusammenhalt zwischen den Mitarbeitern erhöht.

Auch Humor fördert den Zusammenhalt im Unternehmen und bringt ein Element der Leichtigkeit in die Arbeit. »Humor ist der Knopf, der verhindert, dass uns der Kragen platzt.«
(Joachim Ringelnatz)

Die Schmuddelecke

Unser altes Bürohaus war ursprünglich nicht als Büro konzipiert, sondern ein Wohnhaus, in dem bestimmte Räume als Büro dienten. Als unsere Firma immer weiter wuchs und immer mehr Mitarbeiter bekam, reichten die Zimmer nicht mehr aus. Die Büroräume dehnten sich ständig weiter in den Teil hinein aus, der eigentlich als Wohnraum diente, und in den verschachtelten Räumen waren ständig Umzüge und Umbauten der Mitarbeiter erforderlich.

In einem der Räume gab es eine »Schmuddelecke«, die immer unaufgeräumt war. Keiner der Mitarbeiter wollte sich erbarmen, das Chaos zu beseitigen. So dachten sich einige Mitarbeiter etwas aus. Sie legten einem abwesenden Kollegen einen Zettel auf seinen Schreibtisch, den er vorfand, als die anderen schon Feierabend hatten: »Lieber Stefan, morgen soll hier ein Zimmerdurchbruch zum Nachbarraum gemacht werden. Bitte räume deshalb die Ecke leer.« Der arme Kerl war der Letzte, der vom Außendienst zurückkam, und räumte tatsächlich nach Dienstschluss mehrere Stunden lang die Ecke mit all den riesigen Bauzeichnungen und Mengen von Ordnern auf. Am nächsten Morgen, als die Kollegen in die Firma kamen, war die Ecke leer. Der Haken war nur: Ein Zimmerdurchbruch war nie geplant gewesen! Solche Späße mit Kollegen kann man sich erlauben, wenn das Arbeitsklima gut ist.

In einer idealen Arbeitsatmosphäre geht es spielerisch zu. Was zählt, sind Leichtigkeit, Freiheit, Verlässlichkeit, gegenseitige Unterstützung und Anerkennung. In ein solches Umfeld bringt jeder seine Talente gerne ein.

»Humor ist das Resultat von Leichtigkeit, die nicht mit Gleichgültigkeit oder Oberflächlichkeit gleichzusetzen ist.«
(Thomas Holtbernd,
Ausbilder für Humorberater und Seminartrainer)

Wahre Führungskräfte sind Faulpelze

Faule Pferde und faule Mitarbeiter

Was die Einstellung zur Arbeit angeht, sind wieder einmal die Pferde unser Vorbild. Sie sind im Grunde herrlich faule Tiere und tun nie mehr als unbedingt nötig. Dies nicht etwa, weil sie ein geistiges Konzept von »Faulheit« hätten wie wir Menschen, sondern weil es ihnen die Natur so eingegeben hat. Die einzig wirkliche Aufgabe eines Pferdes ist es, von einem Tag zum nächsten zu überleben. Nichts sonst ist wichtig. Und da in der Natur der eine oder andere Feind lauern kann, vor dem zu fliehen das Pferd viel Energie kostet, geht es im Alltag mit seinen Energien so sparsam wie möglich um. Auch das Leben in der Herde ist energiesparend: Die Tiere folgen freiwillig einem – und nur einem – Führer, von dem sie wissen, dass er keinen unnötigen Stress oder Ärger verursacht und dass er zuverlässig ist. Auf diese Weise haben Pferde ihr Leben so organisiert, dass sie in gefährlichen Situationen ausreichend Energie zum Überleben zur Verfügung haben. Wahrscheinlich haben Pferde als Art nur darum überlebt, weil sie immer smart genug waren zu »wissen«, wann es sich lohnte, Energie zu verbrauchen und wann nicht.

Gerade deshalb brauchen Pferde auch einen Grund, warum sie sich für einen menschlichen Führer oder einen Reiter engagieren, warum sie ihre Energie für ihn einsetzen sollen. Pferde brauchen ein angenehmes Klima, um produktiv arbeiten zu können, ähnlich wie Mitarbeiter: ein Päuschen hier, ein bisschen Kraulen dort oder vielleicht auch die Möglichkeit, einen ausgeprägten Freiheitsdrang vor Beginn der Trainingsstunde auszuleben, aber bitte keine Dauerhetze. »Horses like it comfortable«, sagt Pat Parelli, der Pferdeexperte. Wird den Tieren etwas Angenehmes in Aussicht gestellt, so sind sie bereit sich zu engagieren.

Horses like it comfortable

Menschen – Mitarbeiter wie Führungskräfte – sind im Grunde genauso veranlagt. Auch sie mögen keine Dauerhetze und keinen Dauerstress, sondern brauchen Denkpausen, um nicht zu stolpern und unnötige Fehler zu vermeiden.

Die Ehefrau eines jungen Ingenieurs in unserer Firma bekam ihr zweites Kind. Kurz vorher hatte die Familie angefangen zu bauen, außerdem war auch noch im Betrieb viel zu tun. Der Mitarbeiter fragte, ob er zwei Tage frei bekommen konnte, um zu Hause alles fertig zu machen, bevor das Baby auf die Welt kam. Ich hielt es nicht für sinnvoll, ihn in der Firma »festzubinden«, denn er wäre wahrscheinlich mit seinen Gedanken doch nicht bei der Arbeit gewesen, deshalb gab ich ihm frei. Nach der Pause arbeitete er doppelt so effektiv weiter, so dass kein Rückstand auftrat. Da unsere Mitarbeiter eigenverantwortlich arbeiten, kann auch jeder die Zeit für seine Projekte selbst managen.

Beispiel

Einige meiner Mitbewerber sehen das anders. Sie stehen auf dem Standpunkt: »Private Dinge haben die Mitarbeiter zu Hause zu lassen, das hat den Betrieb nicht zu beeinflussen.« Aber das funktioniert nicht. Ein Mitarbeiter kann sich nicht innerlich zweiteilen in einen privaten und einen geschäftlichen Teil. Es kommt nicht auf das »Absitzen« der Zeit im Büro an, sondern darauf, dass die Arbeit erledigt wird, und das ist auch bei freierer Zeiteinteilung möglich.

Wer führt, der bewegt den anderen, und die besten Ergebnisse erzielt man bei Pferden wie auch bei Mitarbeitern mit gleichmäßigen und ruhigen Bewegungen – nicht mit Dauerhetze, ständigen Schnellschüssen, Stress und pausenlosem Zeitdruck. Die operative Hektik ersetzt häufig sowieso nur die geistige Windstille und ist oft Ausdruck für geschäftliche Versäumnisse in der vergangenen Zeit.

Gleichmäßige Bewegungen

Ruhe- und Erholungsphasen sind für Menschen wie auch für Tiere lebenswichtig. Sie tragen zum Aufladen der Batterien bei und beflügeln den Ideenreichtum.

Menschen und Tieren, denen man solche Ruhepausen nicht gönnt oder die sich selbst solche Ruhepausen nicht gönnen, werden stumpfsinnig und mehr oder weniger apathisch; die Fehler häufen sich, und die Arbeitsmotivation sinkt in Richtung Nullpunkt. Wer ständig aus anderen – oder aus sich selbst – »das Letzte« herausholen will, wird bald auch Letzter sein, denn andere, Produktivere, werden ihn abhängen.

Faule Führungskräfte

Der General Helmuth Graf von Moltke unterteilte sein Offizierskorps in vier Menschentypen, und zwar in

1. geistig Stumpfe und körperlich Träge,
2. geistig Stumpfe und körperlich Kräftige,
3. geistig Klare und körperlich Dynamische,
4. geistig Klare und körperlich Faule.

Raten Sie mal, aus welcher der vier Gruppen diejenigen kamen, die er in die oberste Heeresleitung beförderte? Sie denken jetzt wahrscheinlich an Gruppe 3, doch diese Offiziere waren für ihn lediglich die zweite Wahl. In die höchsten Dienstgrade stiegen nur Angehörige aus Gruppe 4 auf, also die geistig Klaren, aber körperliche Faulen. Warum? Weil dieser Menschentypus Moltkes Ansicht nach genügend Klarheit besaß, um zu erkennen, was zu tun war, aber gleichzeitig faul genug, um stets den leichtesten und mühelosesten Weg für die Realisierung zu finden. Und natürlich verzettelt sich ein körperlich Fauler niemals in Einzelheiten, dafür gibt und gab es die arbeitswütigeren untergeordneten Dienstgrade.

Faule Offiziere

Management by Hängematte – das scheint doch ein Modell mit Vorbildcharakter zu sein, auf das auch schon in früheren Zeiten erfolgreiche Menschen gekommen sind! Wer faul ist, setzt seine Energien gezielter und schonender ein und erreicht letztlich mit weniger Aufwand mehr. Um das innerlich akzeptieren zu können, ist es nötig, den Begriff »Faulheit« von seiner negativen Wertung zu befreien. Können Sie das oder hören Sie im Hintergrund Ihren inneren Antreiber, der Ihnen zuflüstert, dass Faulheit etwas Schlechtes sei?

> »Ich könnte die Schmach nicht ertragen, wenn ich sagen müsste: ›Ich arbeite hart.‹ Dann hätte ich ja keine intelligenten Methoden gefunden, um meine Aufgaben zu lösen! Andere Menschen scheinen dieses Schamgefühl nicht zu haben. Sie geben sogar damit an, wie hart sie arbeiten. Als ob Ineffizienz und ein schlechter Wirkungsgrad etwas wären, worauf man noch stolz sein darf.«
>
> (Fred Gratzon, der »faulste« amerikanische Unternehmer)

Zehn Jahre lang kämpften Trojaner und Griechen gegeneinander, ohne dass sich etwas bewegte. Es war eine Pattsituation entstanden. Schließlich brachte nicht Tatkraft oder Truppenstärke die Wende im Krieg, sondern eine List. Die Griechen wussten, dass es viel zu anstrengend und teuer war, die Festung Troja noch weiter mit Truppen zu belagern. Damit hatten sie schon viel Zeit verschwendet. So verfielen sie auf eine energiesparende Lösung: das trojanische Pferd. Sie wechselten also von der groben materiellen Ebene auf eine feinere Ebene der Gedankenkraft, der Ideen.

Die faule Lösung der Griechen

Stand das Pferd erst einmal vor den Toren der Stadt, so hatten nicht die Griechen, sondern die Trojaner die Arbeit damit, denn sie mussten das schwere Holzungetüm in ihre Stadt hineinziehen, nicht ahnend, dass sie damit dem Feind schon Tür und Tor geöffnet hatten. Die Griechen leiteten also mit ihrer ebenso faulen wie intelligenten Lösung die Kriegswende zu ihren Gunsten ein.

Im Hier und Jetzt sein

Es scheint, dass wir Menschen niemals richtig in der Gegenwart ankommen, sondern immer entweder mit unseren Gedanken noch in der Vergangenheit oder schon in der Zukunft weilen. All die vielen Mechanismen, die Führungskräfte zur »Absicherung« gegen unerwünschtes Mitarbeiterverhalten installieren, wie Kontrollsysteme, resultieren zum Beispiel aus Beobachtungen an Mitarbeitern in der Vergangenheit und wollen verhindern, dass in der Zukunft Gleiches noch einmal geschieht. Aber was ist mit der Gegenwart?

Wir leben im Hier und Jetzt, nicht in der Vergangenheit und auch nicht in der Zukunft. Die Vergangenheit ist vergangen, und was in der Zukunft geschieht, das wissen wir noch nicht. Es gilt, die Kraft des Augenblicks zu nutzen. Ich habe von den Pferden gelernt, ganz im Augenblick präsent zu sein, denn für ein Pferd existiert weder Vergangenheit noch Zukunft. Sein Zeitraum des »Denkens« und Handelns ist nicht größer als zwei Sekunden; alles, was davor oder dahinter liegt, interessiert ein Tier nicht und entscheidet nicht über sein Tun. Vor allem um schwierige Situationen mit Pferden zu

Die Kraft des Augenblicks

meistern, ist es erforderlich, ganz im Hier und Jetzt zu sein und alles andere außer Betracht zu lassen. Es wäre nur hinderlich, mit seinen Gedanken nicht bei der Sache zu sein und entweder an vergangenen Ereignissen zu haften oder schon in die Zukunft hineinzuplanen.

Geheimnis der Pferdeflüsterer

Wilder Hengst in der Arena

Mehrere hundert Zuschauer in einer Reithalle erwarten gespannt eine Vorführung. Mein Freund Heinz Welz hat eine Demonstration zum Thema »Geheimnis der Pferdeflüsterer« vorbereitet. Er zeigt immer die erste Begegnung mit einem Pferd. Ein Höhepunkt dieser Veranstaltungen ist stets das Anreiten eines jungen, wilden Pferdes, das noch nicht an Menschen gewöhnt ist. Das Anreiten dieses Pferdes soll ich übernehmen, während Heinz kommentiert.

Hereingeführt in die Reithalle wird von zwei Männern ein junger schwarzer Hengst, der kaum zu bändigen ist. Man könnte auch sagen: Von einem Hengst werden zwei Männer in die Halle gezogen. Die Männer bekommen das Kraftbündel kaum in den Roundpen,

Der Pferdeflüsterer

und Helfer müssen unterstützend eingreifen: Im Abstand von mehreren Metern von der Umzäumung lassen sie Peitschen auf den Boden knallen, damit das Tier jegliche Lust verliert, den Roundpen wieder zu verlassen. Selbst dem Besitzer wird bange, als er den dreijährigen Hengst zum ersten Mal außerhalb der gewohnten Umgebung seiner Artgenossen so unbändig erlebt.

Wer sich mit Pferden auskennt weiß, welche Kräfte in diesem Augenblick freigesetzt werden. Der Hengst steigt, tritt nach hinten aus, scharrt mit den Vorderhufen. Angst, Flucht, Kampf und der Wunsch, das Leittier sein zu wollen – all diese Energien wirken gleichzeitig in ihm. Er ist mein Tier für diesen Augenblick, mein Pferd, das ich in vielleicht einer Stunde reiten will.

Ich klettere in den Roundpen, und schlagartig ist es still. Der Hengst geht an den äußeren Rand der Arena, während ich ganz vorsichtig, aber bestimmt, ohne ihn auch nur den Bruchteil einer Sekunde aus den Augen zu verlieren, in die Mitte gehe. Jetzt wäre es genau eine Sekunde für ihn, um bei mir zu sein. Er schaut mich an, wirft unruhig, in der Absicht, mich zu beeindrucken, seinen Kopf hin und her. Er droht, mit einem Vorderbein tretend, in meine Richtung. Ich kenne das Spiel, ich habe es oft genug gesehen und oft genug gespielt: Wer den anderen bewegt, ist der Boss. Im Moment steht noch nicht fest, wer wen bewegen wird.

Wer bewegt den anderen?

Der Hengst steigt ein wenig auf die Hinterbeine, macht sich größer und beobachtet, ob mich das beeindruckt. Dann wendet er auf der Stelle und droht mit den Hinterhufen in meine Richtung. Als Heinz beginnt, zum Publikum zu sprechen, bin ich mit der vollen Konzentration beim Pferd. Ich bin jetzt ganz allein mit dem Schwarzen, Wilden in der Mitte und vergesse alles, was außen um mich herum geschieht.

In meiner rechten Hand lasse ich das Seil schwingen. Es bewegt sich schnell und kraftvoll surrend. Der Hengst kennt das nicht. Ich bewege mich einen Schritt in seine Richtung, wobei meine Menschenaugen ihn frontal anschauen. Das ist für ein Pferd unangenehm, weil es dem Raubtierverhalten entspricht. Raubtiere haben die Augen vorne im Gesicht und gehen immer geradlinig und frontal auf ihre Beute zu.

Was man normalerweise nicht tut, um das Vertrauen eines schon gezähmten Pferdes zu gewinnen, nutze ich jetzt in dieser Situation, um Respekt von dem Wildpferd zu bekommen. Ich beobachte, dass das Pferd ganz nahe daran ist zu fliehen. Jetzt stelle ich mich mit Abstand vom Pferd einen Schritt hinter die Pferdeschulter, um die gleich folgende Bewegung des Tieres steuern zu können. Wenn es sich bewegt, dann soll es gezielt in die Richtung sein, die ich ihm vorgebe.

Und er bewegt sich, so dass ich ihn nicht einmal mit dem Seil zu berühren brauche! Er beginnt zu laufen. Da er kein Halfter trägt, kann er dem Fluchttrieb nachgeben. Er läuft und ich lasse ihn. Weil ich meine Energie in diesem Augenblick zurücknehme und ihm nichts geschieht, war das die richtige Entscheidung für ihn. Gleichzeitig baut er Adrenalin und Spannung ab. Laufen beruhigt ihn. Denn als Fluchttier ist es seine Welt zu laufen. Ich weiß das, weil ich mich mit seiner Welt befasst habe. Ich nutze sein Talent für uns beide.

Fluchttrieb

Ich fange an, mit Hilfe des Seils und mit meiner Körpersprache die Geschwindigkeit des Hengstes zu bestimmen – natürlich ohne ihn dabei mit dem Seil zu berühren –, dann bestimme ich den Richtungswechsel. Ich lasse ihn anhalten und bestimme, wann er wieder laufen muss. Jetzt ist klar, wer wen bewegt. Irgendetwas sagt dem Hengst nun, dass ich die Spielregeln kenne.

Er spürt meine Stärke, mein absolut zielgerichtetes Vorgehen, und er weiß, dass ich über Raumaufteilung, Entfernung, Richtung und Geschwindigkeit bestimme. Ich gebe ihm stets sofort eine Rückmeldung, ob er sich richtig oder falsch bewegt hat. Der Hengst wird immer aufmerksamer. Auch er hat die Zuschauer mittlerweile vergessen und ist mit Auge und Ohr bei mir.

Jetzt stelle ich die Vertrauensfrage, nehme viel Energie aus meinem Körper, wende mich ab, überhole mit meiner Schulter seine Nase und verlasse die Mitte des Roundpens in Richtung Umzäumung. Der Hengst versteht das auf der Stelle. Langsam verlässt er die äußere Kreisbahn zur Mitte hin und folgt, wie von einem unsichtbaren Band gezogen, meiner rechten Schulter bis auf zwei Meter an mich heran. Er wartet, ist unsicher.

Vertrauensfrage stellen

Ich bin gelassen und mache ihm ein Freundschaftsangebot. Er nähert sich, geht auf Tuchfühlung: Seine Nase kommt näher, seine Tasthaare berühren meine Schulter, dann meine Wange; er sucht meinen Atem. Alles zeigt mir: Er hat mich als menschlichen Führer akzeptiert. Das ist der mystische Augenblick, den man als Horseman erfahren kann! Ab jetzt folgt erst mal Handwerk.

Wir wiederholen das Erlernte noch mehrmals, und zwischendurch lasse ich den Hengst laufen, damit er seiner Anspannung Luft machen kann. Nun gilt es, ihn auf das Reiten vorzubereiten. Ich ziehe meine Jacke aus und berühre ihn damit, wobei ich ihm die Gelegenheit lasse wegzulaufen. Aber weglaufen wäre anstrengend für ihn, und er wäre alleine, was ihm als Herdentier unangenehm ist. Zufrieden ist er, wenn ein starker Führer da ist. Schon nach kurzer Zeit ist er bereit, mich als einen der Seinen zu akzeptieren oder zumindest als jemanden, mit dem man sich »unterhalten« kann, der Chefqualitäten hat und der wohl weiß, was richtig ist im Augenblick.

Aufs Reiten vorbereiten

Die Jacke berührt ihn am ganzen Körper. Er sieht, dass ich keine Angst vor der Jacke habe, und das hilft ihm, seine Angst zu überwinden. Ich lege die Jacke auf seinen Rücken. Er zittert, droht zu explodieren, orientiert sich aber voll an mir. Ich bin ganz bei der Sache und lasse mich von meiner Intuition führen. Ich gehe immer nur bis an die Grenze dessen, was der Hengst gerade noch ertragen kann. Wenn er die Grenze aushält, hat er wieder etwas dazugelernt. Alles entscheidet sich von Augenblick zu Augenblick, von Sekunde zu Sekunde.

Nach der Jacke folgt die Satteldecke nach dem gleichen Schema: riechen, berühren, auf den Rücken legen, damit gehen. Als er die Decke akzeptiert hat, kommt der Sattel. Es läuft wieder nach dem gleichen Muster ab, aber diesmal noch langsamer. Auf keinen Fall darf der Sattel jetzt herunterfallen, bevor er befestigt ist! Das wäre ein sehr kritischer Moment, in dem der Hengst das Falsche aus der Situation lernen würde: Er würde lernen, dass er sich nur zu bewegen braucht, damit er den Sattel wieder los wird und er zu Boden fällt; dann würde er sich in Zukunft jedes Mal bewegen, anstatt still zu stehen, wenn ein Mensch versucht, ihm einen Sattel anzulegen.

Der Sattel fällt zum Glück nicht hinunter, er bleibt oben. Der Sattel ist schwerer als die Decke und die Jacke, und es wird verdammt eng beim Anziehen des Gurtes, aber das muss sein. Prinzipiell ist es nicht nötig, alle diese Lernschritte für das Tier an einem Tag zu absolvieren. Nur der Effekt für die Zuschauer rechtfertigt dieses schnelle Vorgehen während einer Demonstration.

Der Sattel ist nun fest. Ich lasse das Pferd laufen, ja ich treibe ihn sogar, lasse ihn seine eigenen Erfahrungen mit dem ungewohnten Ding auf dem Rücken machen, das ihn an einen Raubtierangriff erinnert. Er springt wie wild, buckelt wie ein Rodeopferd und schaut dann in die Mitte zu mir, zum Boss. Ich stehe still und biete ihm an, näher zu kommen. Er ist sofort bei mir. In seiner Pferdesprache drückt das aus, dass er mich nun fragt, was ich von der ganzen Sache halte. Für meine Ruhe und Sicherheit ist er geradezu dankbar. Er akzeptiert den Sattel viel schneller, als ich erwartet habe. Je näher er bei mir ist, desto sicherer fühlt er sich. Er folgt mir ohne jeden Zwang.

Den Sattel befestigen

Ich nehme wieder ein Halfter. Vom Boden aus probiere ich einige wenige Kommandos, und zwar nur solche, die ich gleich von oben abfragen werde. »Gleich« heißt dann, wenn mein Gefühl und mein Verstand sagen, dass der richtige Augenblick dafür gekommen ist, ohne dass ich darüber nachdenken muss. Bei wilden Pferden wie diesem Hengst funktioniert das nur, wenn man absolut präsent, vollkommen im Hier und Jetzt ist. Gefährlich wäre es, mit den Gedanken in der Zukunft oder in der Vergangenheit zu sein, sich auf etwas anderes zu konzentrieren oder gar nach irgendwelchen festen Konzepten vorzugehen.

Im Augenblick des Aufsteigens auf das Pferd muss mir mein volles Potenzial an Gefühl, Wissen, Geschick und Vertrauen zur Verfügung stehen. Alles andere wäre Leichtsinn, denn das Tier würde mich sofort abwerfen, unter Umständen sogar lebensgefährlich verletzen.

Der Hengst ist voller Nervosität und an der Grenze unseres Vertrauens, das wir in gerade einmal fünfzig Minuten zueinander aufbauen konnten. Ich wusste gar nicht, wie mucksmäuschenstill es in einer Reithalle sein kann. Alles findet von Sekunde zu Sekunde statt. Duldet der Hengst nun meinen Fuß am Bügel, dann im Bügel? Jetzt gilt es, meinen Fuß nicht zu weit in den Bügel zu stecken. Auf gar keinen Fall darf ich mit der Fußspitze den bis aufs äu-

Volles Potenzial im Augenblick

ßerste gespannten Pferdekörper ankicken. Das könnte für eine »Explosion« reichen, und ich müsste mit ihm von vorne beginnen. Ich bin die Ruhe selbst. Angst kann ich mir in diesem Augenblick nicht erlauben, denn jede Unsicherheit meinerseits würde sich sofort auf das Tier übertragen.

Ich wiederhole ein paar Mal, meinen Fuß in den Bügel zu stemmen, und zwar nur mit einem Bein. Der Hengst wird lockerer. Duldet er nun auch noch mein Gewicht auf seinem Rücken? Beim vierten Mal schwinge ich mein Bein behutsam über seinen Rücken und sitze so leicht wie eben möglich im Sattel.

Nun darf ich auf keinen Fall mit den Beinen klammern, und zwar auch dann nicht, falls er jetzt losrennen sollte. Ich muss mein Gleichgewicht halten, ohne mich festzuklammern. Er hat mich aufsteigen lassen. Er lässt mich jetzt da sitzen, wo jahrtausendelang die großen Raubtiere versuchten, den tödlichen Biss anzubringen. Es ist geschafft – der Hengst hat mich als menschlichen Führer akzeptiert! Ich habe seinen Respekt und sein Vertrauen gewonnen.

Erfolgreich führen

In diesem Erlebnis steckt für mich die Kernerfahrung erfolgreichen Führens. Vieles von dem, was in den vorangegangenen Kapiteln ausgeführt wurde, lässt sich hier wiederfinden. An dieser Stelle geht es um die Möglichkeiten, die wir haben, wenn wir wirklich präsent sind. Nur dann steht uns unser volles Potenzial zur Verfügung!

Jeder Führungskraft, jedem Menschen, der etwas erfolgreich tun will, empfehle ich, sich in der Kunst des Präsentseins zu üben. Das bedeutet, sein Leben nur dann zu leben, wenn es wirklich stattfindet, nämlich im Hier und Jetzt.

Die Kunst des Präsentseins

Jedes Mitarbeitergespräch, jedes Kundengespräch und jede Problemlösung verdient dieses Wissen, dass alle Kraft im Augenblick liegt. Der Augenblick stellt den einzigen Berührungspunkt mit der Wirklichkeit dar, er ist die gesamte Wirklichkeit. Wenn jemand absolut präsent ist, kommt beim Gegenüber an, dass er ganz für ihn da ist. Das ist Wertschätzung pur. Das ist die Basis für Respekt und der Grundstein für Vertrauen. Oder möchten Sie Mitarbeiter führen, die nur mit halbem Ohr zuhören, unkonzentriert und mit ihren Gedanken woanders sind?

Das Gestern ist vorbei, das Morgen noch nicht geboren. Nur das Jetzt ist wirklich. Im ständigen inneren Hin- und Herpendeln zwischen Reue über das, was gestern war und womöglich versäumt wurde, und in Furcht vor dem, was morgen geschehen könnte, fehlt die Energie und die Aufmerksamkeit für das Heute.

Wer es schafft, sich immer nur auf den Augenblick zu konzentrieren, seine Energie wie in einem Brennglas zu sammeln und auf die Gegenwart zu fokussieren, der setzt seine ganze Kraft, seine Aufmerksamkeit, seine Hingabe und Liebe im Hier und Jetzt ein. Damit legt er ein sicheres Fundament für eine glückliche, erfolgreiche Zukunft.

Das Todesurteil

Im alten Indien wurde ein Mann von einem König zum Tode verurteilt. Der Mann bat den König, das Urteil aufzuheben, und fügte hinzu: »Wenn Ihr gnädig seid und mein Leben schont, werde ich Eurem Pferd in einem Jahr das Fliegen beibringen.« »So sei es«, sprach der König, »aber wenn das Pferd in dieser Zeit nicht fliegen lernt, wirst du dein Leben verlieren.« Als die Familie des Mannes ihn voller Sorge fragte, wie er sein Versprechen einlösen wolle, sagte er unbekümmert: »Im Laufe eines Jahres kann der König sterben. Oder das Pferd kann sterben. Oder es kann fliegen lernen. Wer weiß das schon?«

Es ist immer so richtig, wie es ist!

Innere Gelassenheit

Ganz im Hier und Jetzt zu sein, ist der Schlüssel zur Traumfirma, der Schlüssel für Leichtigkeit und mühelose Mitarbeiterführung. Die Kraft des Augenblicks ist auch der Schlüssel zur inneren Gelassenheit. Zum Abschluss gebe ich Ihnen noch einige Sätze mit auf den Weg, die Ihnen helfen, immer wieder in die innere Gelassenheit zurückzufinden, wenn es im Alltag zu turbulent wird und wenn die Gefahr besteht, Dinge mit Druck und Zwang regeln zu wollen, weil das vordergründig »einfacher« aussieht – in Wirklichkeit aber alles schwieriger macht. Denn an der Freiheit des anderen kommt niemand vorbei.

1. Egal, wer kommt, es sind die richtigen Leute.

Die Mitarbeiter, die Sie haben, sind die richtigen. Die Tatsache, dass sich der eine oder andere nicht voll einbringt, ist kein Zeichen dafür, dass er in Ihrem Betrieb verkehrt ist, sondern dafür, dass er an der falschen Stelle eingesetzt wird, wo er seine Talente und Stärken nicht entfalten kann.

Alle, die sich entschlossen haben, in Ihrem Betrieb mitzuarbeiten, haben dies freiwillig getan. Seien Sie dankbar dafür und suchen Sie für sie die richtigen Einsatzmöglichkeiten, anstatt sie zu kritisieren. Führung ist nicht Kontrolle, Führung ist die Schaffung eines offenen Raumes, in dem menschliche Erfüllung erreicht werden kann.

2. Egal, was passiert ist, es ist das Einzige, was passieren konnte.

Verabschieden Sie sich von Wut, Zorn, Verurteilungen oder der Suche nach Schuldigen, wenn es nicht so läuft wie gewünscht oder geplant. Ob wir morgen noch leben und mitspielen dürfen, liegt nicht in unserer Hand. Aber ob wir jetzt im Augenblick jemanden angreifen und anklagen oder ihm vergeben, bedeutet ja auch schon eine großartige Möglichkeit, Einfluss auf dieses Leben zu nehmen.

3. Egal, wann es anfängt, es ist der richtige Zeitpunkt.

Diese Einsicht befreit von allem überflüssigen Zeitdruck! Große Erfolge, Aufträge oder »Meilensteine« in der Entwicklung eines Unternehmens vollziehen sich nicht nach der Uhr und kommen nicht pünktlich, wenn sie gerufen werden. Das frustriert zwar die Wächter eines Firmenkalenders, der auf die Jahresbilanzen schielt, lässt sich aber nicht ändern. Wann immer etwas passiert, geschieht es nicht nur richtigen Zeit, sondern auch zu seiner eigenen Zeit. Es gibt eine Lebenseinstellung, die das energetische Auf und Ab des Lebens mit seinen natürlichen Zyklen von Saat und Ernte, von Wachsen und Reifen, bejaht und nicht auf dauerndes Obenbleiben spekuliert.

4. Es ist immer so richtig, wie es ist.

Alle Kraft liegt im Augenblick, und den können wir immer nutzen.

Vier Kräfte zeigen sich mir als enorm wirksam für inneren Frieden und kraftvolles Leben: Dankbarkeit, Gottvertrauen, Vergebung und Liebe.

Nachwort

Ein Kaufmann hatte auf einer Messe gute Geschäfte gemacht, alle Waren verkauft und seine Geldkatze mit Gold und Silber gefüllt. Er wollte nach Hause reisen und vor Einbruch der Dunkelheit daheim sein. So setzte er sich auf sein Pferd und ritt los. Als er am Mittag in einer Stadt rastete, machte ihn der Rossknecht darauf aufmerksam, dass seinem Pferd am linken Hinterfuß ein Hufnagel fehlte. »Lass ihn fehlen«, sagte der Kaufmann, »die sechs Stunden, die ich noch zu reiten habe, wird das Hufeisen wohl noch halten. Ich bin in Eile.«

Der fehlende Hufnagel

Nachmittags, als er ein weiteres Mal Halt machte, kam wieder ein Rossknecht zu ihm und sagte: »Eurem Pferd fehlt am linken Hinterfuß ein Hufeisen. Soll ich es zum Schmied bringen?« »Lass das Eisen fehlen«, sagte der Kaufmann, »ich möchte in drei Stunden zu Hause sein, und so lange wird mein Pferd auch ohne Hufeisen auskommen.«

Er ritt weiter, aber es dauerte nicht lange, bis das Pferd zu stolpern anfing, hinfiel und sich ein Bein brach. Der Kaufmann musste das Pferd liegen lassen und zu Fuß gehen. So kam er erst am nächsten Morgen zu Hause an. »An allem Unglück«, so dachte er sich, »ist nur der verwünschte Nagel schuld.«

So kann es gehen, wenn man sein »Handwerkszeug« nicht pflegt! Ich hoffe, ich habe Ihnen mit diesem Buch einige »Werkzeuge« an die Hand gegeben, um Ihren Unternehmenserfolg zu unterstützen und Ihre Traumfirma zu verwirklichen. Ich wünsche mir, dass Sie beim Lesen des Buches auf neue Ideen und Gedanken gekommen sind, deren Sie sich vorher nicht bewusst waren, und dass Sie Anregungen zur Umsetzung mitnehmen. Ich wünsche Ihnen, dass neue Möglichkeiten in Ihren Gedanken entstehen, die Ihren Optimismus und Lebensmut stärken. Das ist schon der erste große Schritt nach vorne.

Neue Ideen

Pferdeflüstern. Bernd Osterhammel

ISBN: 3-527-50195-9

Spielen und experimentieren Sie mit den neuen Gedanken, lassen Sie sie groß werden, und stellen Sie fest, wie es sich anfühlt! Ich wünsche Ihnen, dass Sie es schaffen, Ihre alten Spuren zu verlassen, um frei lenken zu können. Ich wünsche Ihnen, dass aus Ihren Mitarbeitern unter Ihrer Führung die besten Pferde im Stall werden.

Zusammenfassung

Zum Abschluss eine Zusammenfassung der wichtigsten Aussagen in diesem Buch:

- Führung beginnt immer bei uns selbst. Es gibt keine »Stellschrauben«, mit denen wir an anderen Menschen herumschrauben können. Die Kraft der Veränderung liegt immer in uns selbst.

- Führung hat drei Aspekte: geistiges, emotionales und körperliches Führen. Wer wirklich führt, erfährt Gefolgschaft auf allen drei Ebenen. Erst wenn Mitarbeiter auf allen Ebenen folgen, bringen sie sich voll ein.

- Führen heißt nicht immer, vorneweg zu laufen, sondern auch aufzupassen, dass niemand hinten herunterfällt. Das bedeutet, insbesondere Schwächere oder weniger Angesehenere im Betrieb zu unterstützen. Auch sie leisten wertvolle Arbeit.

- An der Freiheit des anderen kommt niemand vorbei, es sei denn, er zahlt einen hohen Preis dafür. Wer versucht, seine Mitarbeiter zu manipulieren, unter Druck zu setzen, zu kontrollieren usw., der wird erleben, dass sie sich nicht voll engagieren, auch wenn sie voll bezahlt werden – zum Schaden des Unternehmens.

- Alles beginnt bei den Gedanken: Unser Schicksal ändern wir nur, wenn wir zuerst unser Denken und unsere innere Einstellung zu den Dingen und zu den Menschen ändern.

- Gedanken sind Kräfte und erzeugen eine Wirkung. Es kommt darauf an, die Gedanken stets auf das Erwünschte – anstatt auf Unerwünschtes – zu richten. Konzentrierte und fokussierte Gedanken wirken stärker als in viele Richtungen zerstreute.

- Der wichtigste Motivationsfaktor für Mitarbeiter sind Lob, Anerkennung und Wertschätzung. Geben Sie reichlich davon, und Sie werden viel zurückbekommen!

- Vermeiden Sie es, bei Fehlern und Missgeschicken nach einem Schuldigen zu suchen und sich aufzuregen.

- Verpacken Sie Kritik immer in ein Sandwich zwischen anerkennende Worte.

- Vertrauen führt am effektivsten und ist meistens eine Entscheidung.

- Vertrauen ist der Verzicht auf Kontrolle, weil ich die Mitarbeiter für integer, wohlwollend und kompetent halte.

- Seinen Mitarbeitern zu vertrauen bedeutet, sich als Führungskraft von ihrer Zustimmung, ihrer Leistung und ihrem Können abhängig zu machen.

- Kontrollsysteme sind einer der größten Vertrauens- und Motivationskiller sowie Energiefresser im Unternehmen.

- Für jeden Mitarbeiter ist es das Größte, wenn er so sein darf, wie er ist. Hat er darüber hinaus die Gelegenheit, seine Talente einzubringen, so wächst er über sich selbst hinaus.

- Mitarbeiter, deren Stärken und Talente gefördert anstatt deren Schwächen kritisiert oder mit Fortbildung ausgemerzt werden, arbeiten produktiver.

- Weiterbildung muss bei den Stärken eines Mitarbeiters ansetzen, nicht bei seinen Defiziten. Letzteres wäre ein Fass ohne Boden.

- Leichtigkeit und Mühelosigkeit entstehen dann, wenn man alles Überflüssige, das Energie abzieht und wie Sand im Getriebe wirkt – Kontrollen, Kritik, Schüren von Angst oder Druck, Zeithetze usw. – weglässt. Dann stellen sich Spaß und Freude bei der Arbeit von allein ein.

- Leichtigkeit und Mühelosigkeit bedeutet, dass die Energien frei fließen, dass das Unternehmen »im Fluss« (im Flow) ist: Die Mitarbeiter sind motiviert und bringen sich voll ein, die Arbeit geht leicht von der Hand, und der Betrieb ist magnetisch für gute Aufträge.

- Einer der wichtigsten Schlüssel für kraftvolles Handeln liegt im Hier und Jetzt. Wer wirklich präsent ist im Augenblick, anstatt mit seinen Gedanken in der Vergangenheit oder der Zukunft zu weilen, hat das volle Potenzial zur Verfügung.

Danksagung

Ich danke meinen Eltern für einen guten Start ins Leben. Ich danke meiner Familie, allen voran meiner Frau Jutta und meinen Töchtern Anne und Maike, für ein wundervolles System aus Liebe, Vergebung und Getragensein sowie die ständige Unterstützung.

Auch meinen Freunden danke ich, allen voran Dietmar Müller, weil sie geholfen haben, den auszugraben, der ich heute bin, und weil sie mich schon gern hatten, lange bevor ich mich selbst gern hatte.

Heinz und Sabine Welz danke ich für ihre Freundschaft und die gemeinsamen Abenteuer mit Pferden und Zuschauern.

Meinen Pferden, vor allem Bleikur und Painty, danke ich, dass sie immer bei mir waren, trotz aller Missverständnisse und Ungerechtigkeiten ihnen gegenüber. Ich danke ihnen auch für ihren Unterricht in Vertrauen und Respekt und für den Spiegel, den sie mir immer wieder vorhielten.

Unseren Kunden danke ich für Menschlichkeit, Vertrauen und Respekt. Meinen hervorragenden Mitarbeitern, insbesondere meinem langjährigen Partner Stefan Hahmann, bin ich dankbar für alles, aber vor allem für die hohe Vertrauenskultur, die wir gemeinsam in unserer Firma aufgebaut haben.

Meinem Freund und Trainer Adolf-W. Sommer danke für den Anstoß zu diesem Buch und dem gleichnamigen Seminar.

Dr. Sonja Ulrike Klug von der Buchagentur Netzwerk danke ich, dass sie mich beim Formulieren des Buchtextes fleißig und kompetent unterstützt hat. Ich danke Oliver Gorus und seiner Agentur für Fachmedien für die Unterstützung bei der Verlagssuche. Dem Verlag Wiley, besonders meiner Lektorin Bettina Querfurth, danke ich für den Mut, dieses Buch zu veröffentlichen.

Meinem Freund und Nachbarn Wolfgang Dietzel bin ich dankbar, dass er meine Ideen für dieses Buch in schöne Karikaturen verwandelt hat.

Danke, dass Sie dieses Buch gelesen haben! Ich wünsche Ihnen von ganzem Herzen, dass es Früchte für Sie und Ihre Firma trägt.

Ich danke dem Leben, dass es auch funktioniert, wenn ich die Zügel mal loslasse und zur Ruhe und Besinnung komme. Ich danke dem lieben Gott für alle die Geschenke meines Lebens und die Erkenntnis, dass selbst aus dem größten Mist, den ich verursacht habe, noch immer Kompost wurde, aus dem kraftvoll etwas Neues erwuchs.

Juli 2005 *Bernd Osterhammel*

Literaturverzeichnis

Blanchard, Ken/Muchnick, Marc: *Die Leadership-Pille. Was Mitarbeiter heute wirklich motiviert.* Hamburg: Hoffmann und Campe, 2004.

Böcker, Manfred: »Karriere: Zuhause ist, wo mein Job ist«. *www.manager-magazin.de,* 3. Juni 2004.

Buchholz, Michael G.: *Alles was du willst. Die Universellen Erwerbsregeln für ein erfülltes Leben.* Düsseldorf: Omega, 5. Aufl. 2002.

Buchhorn, Eva/Schmalholz, Claus G.: »Motivation: Volle Kraft voraus«, in: *Manager Magazin* 4/2004, S. 164.

Buchhorn, Eva/Werle, Klaus: »Unternehmenskultur: Jeder für sich, alle gegen alle«, in: *Manager Magazin* 9/2004, S. 112.

Buchhorn, Eva: »Motivation: Geld allein macht nicht glücklich.« *www.manager-magazin.de,* 26. März 2004.

Buchhorn, Eva: »Personalmanagement: Warten auf die Fütterung«, in: *Manager Magazin* 3/2004, S. 148.

Buchhorn, Eva: »Motivations-Studie: Wertvolle Streicheleinheiten«. *www.manager-magazin.de,* 26. März 2004.

Buckingham, Marcus/Coffman, Curt: *Erfolgreiche Führung gegen alle Regeln. Wie Sie wertvolle Mitarbeiter gewinnen, halten und fördern.* Frankfurt/Main: Campus, 2. Aufl. 2002.

Buckingham, Marcus/Clifto, Donald O.: *Entdecken Sie Ihre Stärken JETZT! Das Gallup-Prinzip für individuelle Entwicklung und erfolgreiche Führung.* Frankfurt/Main: Campus, 2. Aufl. 2002.

Pferdeflüstern. Bernd Osterhammel

ISBN: 3-527-50195-9

Deep White (Hrsg.): »Grundlagenstudie Wertekultur und Unternehmenserfolg«. *http://deep-white.sitepark.com/studies/value_study-de.php,* 12. Oktober 2004.

Dehner, Ulrich: *Die alltäglichen Spielchen im Büro. Wie Sie Zeit- und Nervenfresser erkennen und dagegen vorgehen.* München: Piper, 2. Aufl. 2004.

Eidherr, Armin (Hrsg.): *Pferde in der Weltliteratur.* Zürich: Manesse, 2002.

Englisch, Gundula: »Mehr wert. Ideen für gerechtere Löhne und Gehälter«. *www.changeX.de,* 4. Mai 2004.

Fournier, Cay von: »Was Unternehmen ›charismatisch‹ macht«. *www.business-wissen.de,* 3. Mai 2004.

Gallup Organization (Hrsg.): »Engagement Index 2004. Das Engagement am Arbeitsplatz in Deutschland nach wie vor auf niedrigem Niveau«. *www.presseportal.de,* 18. Oktober 2004.

Gratzon, Fred: *The Lazy Way to Success. Ohne Anstrengung alles erreichen.* Bielefeld: Kamphausen, 2004.

Heimann, Andreas: »Motivation: Null Bock im Büro«. *www.manager-magazin.de,* 16. Februar 2004.

Herrmann, Andreas/Peetz, Sylvia/Schönborn, Gregor: »Werte führen zum Erfolg«, in: *Personal. Zeitschrift für Human Resource Management* September 2004, S. 30–34.

Hewitt Associates GmbH (Hrsg.): »Bessere Bilanz durch Motivation. Engagierte Mitarbeiter steigern Unternehmensergebnisse«. *www.presseportal.de,* 27. Juli 2003.

Höhler, Gertrud: *Warum Vertrauen siegt.* München: Econ, 2. Aufl. 2003.

Holtbernd, Thomas: *Führungsfaktor Humor. Wie Sie und Ihr Unternehmen davon profitieren können.* Frankfurt/Main: Redline Wirtschaft, 2003.

Kahrass-Fromm, Barbara/Fromm, Michael: »Die neue Führung – ein ganzheitliches Konzept von Integration, Inspiration und Leidenschaft«, in: Joachim Galuska (Hrsg.): *Pioniere für einen neuen Geist in Beruf und Business. Die spirituelle Dimension im wirtschaftlichen Handeln.* O.O.: J. Kamphausen, 2004. S. 153–171.

Kobjoll, Klaus: *Motiva(c)tion. Begeisterung ist übertragbar.* Zürich: Orell Füssli, 5. Aufl. 1995.

Nemeczek, Ralf G.: *Fun Economy ® made by inspired people.* Göttingen: Business Village, 2003.

Owen, Harrison: *The Spirit of Leadership. Führen heißt Freiräume schaffen.* Heidelberg: Carl Auer, 2001.

Rashid, Mark: *Denn Pferde lügen nicht. Neue Wege zu einer vertrauten Mensch-Pferd-Beziehung.* Stuttgart: Franckh-Kosmos, 2002.

Rees, Lucy: Das *Wesen des Pferdes. Persönlichkeit – Entwicklung – Verhalten.* Rüschlikon: Müller, o.J.

Riedel, Jens: »Rettet den Kapitalismus – Die Rettung des Vertrauens«. *www.manager-magazin.de,* 17. August 2004.

Roberts, Monty: *Das Wissen der Pferde und was wir Menschen von ihnen lernen können.* Bergisch Gladbach: Bastei Lübbe, 4. Aufl. 2003.

Sebald, Harriet/Perrin, Towers (Hrsg.): *Reconnecting with Employees. Gewinnen, Binden und Motivieren von Mitarbeitern als Beitrag zum Unternehmenserfolg. Deutschland-Bericht des europäischen Towers Perrin Talent Reports 2004.* Frankfurt/Main: Towers Perrin, 2004.

Sommer, Adolf-W.: *Auftrag und Akquise. Handbuch für Architekten und Ingenieure.* Köln: Rudolf Müller, 3. Aufl. 2003.

Sprenger, Reinhard K.: *Mythos Motivation. Wege aus einer Sackgasse.* Frankfurt/Main: Campus, 17. Aufl. 2002.

Sprenger, Reinhard K.: *Das Prinzip Selbstverantwortung. Wege zur Motivation.* Frankfurt/Main: Campus, 10. Aufl. 1999.

Sprenger, Reinhard: *Vertrauen führt. Worauf es im Unternehmen wirklich ankommt.* Frankfurt/Main: Campus, 2. Aufl. 2002.

Straush, Alexandra: »Vergütung: Lob ist unbezahlbar«. *www.sueddeutsche.de,* 31. Juli 2004.

Tomic, Mirko: »Ausgetrickst. Wie der Einzelhandel mit Mitarbeiterinnen umgeht«. *www.daserste.de/plusminus/beitrag.asp?iid=255,* 26. Oktober 2004.

Welz, Heinz: *Pferdeflüstern kann jeder lernen. Die erfolgreichsten Joining-Techniken Schritt für Schritt.* Stuttgart: Franckh-Kosmos, 2002.

Werle, Klaus: »Unternehmenskultur: Geld kann nicht unendlich motivieren«. *www.manager-magazin.de,* 25. Oktober 2004.

Werle, Klaus: »Unternehmenskultur: Sind Sie ein guter Chef?« *www.manager-magazin.de,* 22. Oktober 2004.

Sachregister

Pferdeflüstern. Bernd Osterhammel

ISBN: 3-527-50195-9